普通高等教育"十一五"国家级规划教材配套参考

国家精品课程·国家电工电子教学基地教材

新工科建设·计算机类系列教材

数字逻辑与数字系统
学习指导及习题解答

李景宏　雷红玮　王爱侠　编著

电子工业出版社

Publishing House of Electronics Industry

北京·BEIJING

内 容 简 介

本书是普通高等教育"十一五"国家级规划教材、国家精品课程教材和国家电工电子教学基地教材《数字逻辑与数字系统》(第6版)(ISBN 978-7-121-43430-3)的配套教材。全书分9章,内容包括数字逻辑基础、逻辑门电路、组合逻辑电路、锁存器和触发器、时序逻辑电路、半导体存储器、脉冲波形的产生与整形、数模转换和模数转换、数字系统分析与设计等。每章包含学习要点、教学要求、解题指导和习题解答4部分内容。

本书可作为高等学校计算机、通信、电子、电气及自动化等专业的本科生"数字电子技术"课程辅助教材,还可供从事电子工程设计与开发的技术人员参考使用。

未经许可,不得以任何方式复制或抄袭本书之部分或全部内容。

版权所有,侵权必究。

图书在版编目(CIP)数据

数字逻辑与数字系统学习指导及习题解答 / 李景宏,雷红玮,王爱侠编著. —北京:电子工业出版社,2024.1
ISBN 978-7-121-46853-7

Ⅰ. ①数… Ⅱ. ①李… ②雷… ③王… Ⅲ. ①数字逻辑－高等学校－教材②数字系统－高等学校－教材
Ⅳ. ①TP302.2

中国国家版本馆 CIP 数据核字(2023)第 239520 号

责任编辑:冉 哲
印   刷:北京盛通数码印刷有限公司
装   订:北京盛通数码印刷有限公司
出版发行:电子工业出版社
          北京市海淀区万寿路 173 信箱   邮编   100036
开   本:787×1 092   1/16   印张:10.25   字数:262.4 千字
版   次:2024 年 1 月第 1 版
印   次:2025 年 1 月第 2 次印刷
定   价:39.00 元

凡所购买电子工业出版社图书有缺损问题,请向购买书店调换。若书店售缺,请与本社发行部联系,联系及邮购电话:(010) 88254888,88258888。

质量投诉请发邮件至 zlts@phei.com.cn,盗版侵权举报请发邮件至 dbqq@phei.com.cn。

本书咨询联系方式:ran@phei.com.cn。

前　言

　　本书是普通高等教育"十一五"国家级规划教材、国家精品课程教材和国家电工电子教学基地教材《数字逻辑与数字系统》（第 6 版）（ISBN 978-7-121-43430-3，李景宏、王永军等编著，电子工业出版社出版）的配套教材。

　　全书分 9 章，内容包括数字逻辑基础、逻辑门电路、组合逻辑电路、锁存器和触发器、时序逻辑电路、半导体存储器、脉冲波形的产生与整形、数模转换和模数转换、数字系统分析与设计等。

　　每章包含学习要点、教学要求、解题指导和习题解答 4 部分内容。学习要点和教学要求部分对本章的重点知识和难点知识进行概括与总结，并提出教学要求；解题指导部分精选了一些具有代表性的例题，目的是帮助学生进一步掌握课程内容，提高学生分析问题和解决问题的能力，从而引导学生解答习题；习题解答部分对主教材各章中的习题进行了详细的解答，帮助学生理解、消化所学知识。

　　本书可作为高等学校计算机、通信、电子、电气及自动化等专业的本科生"数字电子技术"课程辅助教材，还可供从事电子工程设计与开发的技术人员参考使用。

　　本书由李景宏、雷红玮、王爱侠编著，参加本书编写的还有田亚男、沈鸿媛、赵丽红。本书在编写过程中得到了王永军、李景华、李晶皎教授的悉心指导，以及东北大学电子技术课程组多位教师的大力支持和帮助，在此表示诚挚的谢意。

　　限于作者水平，书中难免存在不妥和错误之处，敬请读者不吝指正。

编者

目　　录

第1章 数字逻辑基础

1.1 学习要点

1. 数制

（1）数制

数制是指用一组固定的符号和统一的规则来表示数值的方法。如果按照进位的方法进行计数，则称为进位计数制。最常用的数制是十进制、二进制、八进制和十六进制。任意一个数制都含有两个基本要素：权和基数。

基数为 R 的数制称为 R 进制，数码符号为 $0, 1, 2, \cdots, R\text{-}1$，它的进位规则：逢 R 进 1。如果按权展开，R 进制数可以表示为

$$D = \sum a_i \times R^i \qquad (R \geqslant 2,\ 正整数)$$

式中，R 为计数的基数；a_i 为第 i 位的数码（系数），可以是数码 $0 \sim R\text{-}1$ 中的任意一个；R^i 为第 i 位的权。

① 十进制数可以表示为

$$D = \sum a_i \times 10^i$$

式中，a_i 是第 i 位的系数，它可以是数码 $0, 1, 2, \cdots, 9$ 中的任意一个。如果整数部分的位数是 n，小数部分的位数为 m，则 i 包含从 $n\text{-}1$ 到 0 的所有正整数和从 -1 到 $-m$ 的所有负整数。例如，十进制数 1234.56 可表示为

$$(1234.56)_{10} = 1 \times 10^3 + 2 \times 10^2 + 3 \times 10^1 + 4 \times 10^0 + 5 \times 10^{-1} + 6 \times 10^{-2}$$

② 二进制数可以表示为

$$D = \sum a_i \times 2^i$$

式中，a_i 是第 i 位的系数，它可以是数码 $0,1$ 中的任意一个。例如，二进制数 1101.01 可表示为

$$(1101.01)_2 = (1 \times 2^3 + 1 \times 2^2 + 0 \times 2^1 + 1 \times 2^0 + 0 \times 2^{-1} + 1 \times 2^{-2})_{10}$$

③ 八进制数可以表示为

$$D = \sum a_i \times 8^i$$

式中，a_i 是第 i 位的系数，它可以是数码 $0, 1, 2, \cdots, 7$ 中的任意一个。例如，八进制数 3456.12 可表示为

$$(3456.12)_8 = (3 \times 8^3 + 4 \times 8^2 + 5 \times 8^1 + 6 \times 8^0 + 1 \times 8^{-1} + 2 \times 8^{-2})_{10}$$

④ 十六进制数可以表示为

$$D = \sum a_i \times 16^i$$

式中，a_i 是第 i 位的系数，它可以是数码 $0, 1, 2, \cdots, 9, A, B, C, D, E, F$ 中的任意一个。例如，十六进制数 ABCD.EF 可表示为

$$(ABCD.EF)_{16} = (10 \times 16^3 + 11 \times 16^2 + 12 \times 16^1 + 13 \times 16^0 + 14 \times 16^{-1} + 15 \times 16^{-2})_{10}$$

（2）进制间的转换

① 非十进制数到十进制数的转换：一般采用按权相加的方法。按照十进制数的运算规则，将非十进制数各位的数码乘以对应的权再累加起来。

② 十进制数到非十进制数的转换：整数部分和小数部分要分别进行转换，整数部分的转换采用除基取余法，小数部分的转换采用乘基取整法。

③ 非十进制数之间的转换：主要是指二进制数、八进制数、十六进制数之间的转换。

ⅰ）二进制数和八进制数之间的转换。将八进制数转换成二进制数时，直接将每位八进制数码转换成 3 位二进制数码。从小数点开始向两边分别将整数和小数部分每 3 位划分成一组，整数部分的最高一组不够 3 位时，在高位补 0；小数部分的最后一组不足 3 位时，在末位补 0。然后将每组的 3 位二进制数转换成 1 位八进制数即可。

ⅱ）二进制数和十六进制数之间的转换。十六进制数转换成二进制数时，直接将每位十六进制数码转换成 4 位二进制数码。从小数点开始向两边分别将整数和小数部分每 4 位划分成一组，整数部分的最高一组不够 4 位时，在高位补 0；小数部分的最后一组不足 4 位时，在末位补 0。然后将每组的 4 位二进制数转换成 1 位十六进制数即可。

2. 常用编码

（1）十进制编码

用二进制数码表示 1 位十进制数（0～9）称为二-十进制编码，简称 BCD（Binary Coded Decimal）码。常用的 BCD 码：有权码，包括 8421BCD、2421BCD、5421BCD 等；无权码，包括余 3 码、余 3 循环码等。

（2）二进制编码

用二进制数码表示一个特定对象称为二进制编码。常用的二进制编码有 ASCII 码、格雷码、奇偶校验码等。

3. 逻辑代数基础

（1）基本逻辑运算

与运算：当所有条件都具备时，结果才会发生，可表示为 $F=A \cdot B$。

或运算：当任一条件具备时，结果就会发生，可表示为 $F=A+B$。

非运算：当条件不具备时，结果却发生了，可表示为 $F=\bar{A}$。

用这 3 种运算可以构成任何复杂的复合逻辑运算。表 1-1 给出了 3 种基本运算和 5 种复合运算的逻辑函数表达式和逻辑符号。

表 1-1　3 种基本运算和 5 种复合运算的逻辑函数表达式和逻辑符号

逻辑运算	逻辑函数表达式	逻辑符号		
		国外常用符号	惯用符号	国标符号
与	$F=A \cdot B$			
或	$F=A+B$			

逻辑运算	逻辑函数表达式	逻辑符号		
		国外常用符号	惯用符号	国标符号
非	$F=\overline{A}$	A ▷○ F	A ○ F	A [1] ○ F
与非	$F=\overline{A\cdot B}$	A,B ○ F	A,B ○ F	A,B [&] ○ F
或非	$F=\overline{A+B}$	A,B ○ F	A,B [+] ○ F	A,B [≥1] ○ F
与或非	$F=\overline{AB+CD}$	A,B,C,D ○ F	A,B,C,D [+] ○ F	A,B,C,D [& ≥1] ○ F
同或	$F=A\odot B$	A,B F	A,B [⊙] F	A,B [=] F
异或	$F=A\oplus B$	A,B F	A,B [⊕] F	A,B [=1] F

（2）逻辑代数的基本公式和常用公式

逻辑代数的基本公式和常用公式见表1-2。

表 1-2 逻辑代数的基本公式和常用公式

名　称	公　式	
0-1 律	$A+1=1$	$A\cdot 0=0$
自等律	$A+0=A$	$A\cdot 1=A$
重叠律	$A+A=A$	$A\cdot A=A$
互补律	$A+\overline{A}=1$	$A\cdot\overline{A}=0$
交换律	$A+B=B+A$	$A\cdot B=B\cdot A$
结合律	$A+(B+C)=(A+B)+C$	$A\cdot(B\cdot C)=(A\cdot B)\cdot C$
分配律	$A+B\cdot C=(A+B)\cdot(A+C)$	$A\cdot(B+C)=A\cdot B+A\cdot C$
吸收律	$A+A\cdot B=A$ $A\cdot B+A\cdot\overline{B}=A$ $A+\overline{A}\cdot B=A+B$ $A\cdot B+\overline{A}\cdot C+BC=A\cdot B+\overline{A}\cdot C$	$A\cdot(A+B)=A$ $(A+B)\cdot(A+\overline{B})=A$ $A\cdot(\overline{A}+B)=A\cdot B$ $(A+B)(\overline{A}+C)(B+C)=(A+B)(\overline{A}+C)$
反演律（摩根定律）	$\overline{A\cdot B}=\overline{A}+\overline{B}$	$\overline{A+B}=\overline{A}\cdot\overline{B}$
双重否定律（还原律）	$\overline{\overline{A}}=A$	
交叉互换律	$A\cdot B+\overline{A}\cdot C=(A+C)(\overline{A}+B)$	$(A+B)(\overline{A}+C)=A\cdot C+\overline{A}\cdot B$

（3）逻辑代数的 3 个重要运算规则

逻辑代数的 3 个重要运算规则：代入规则、反演规则和对偶规则。

① 代入规则：将逻辑等式中的某个逻辑变量全部用同一个逻辑函数代替，则逻辑等式仍然成立。

② 反演规则：将逻辑函数 F 表达式中所有的"·"换成"+"，所有的"+"换成·"，常量 1 换成 0，0 换成 1，原变量换成反变量，反变量换成原变量，所得到的逻辑函数就是 F 的非，即反函数 $\overline{F}$。

③ 对偶规则：将逻辑函数 F 表达式中所有的"·"换成"+"，所有的"+"换成"·"，常量 1 换成 0，0 换成 1，而变量保持不变，所得到的逻辑函数就是 F 的对偶式 F′。

（4）逻辑函数的表示方法

逻辑函数常用的表示方法有逻辑函数表达式、逻辑真值表、逻辑图、波形、卡诺图等。

① 逻辑函数表达式：将输入、输出之间的逻辑关系写成与、或、非等运算的组合式，即逻辑代数式，就得到了所需的逻辑函数表达式。

② 真值表：将输入变量所有取值对应的输出值找出来，列成表格，即可得到真值表。

③ 逻辑图：将逻辑函数表达式中各变量之间的与、或、非等逻辑运算关系用逻辑符号表示出来，即为逻辑图。

④ 波形：将逻辑函数输入变量每一组可能出现的取值与对应的输出值按时间顺序依次排列起来，就可以得到表示该逻辑函数的波形，这种波形也称时序图。

⑤ 卡诺图：这是真值表的一种图形化表示方法，是按逻辑相邻特性画出的一种方格图。

（5）各种表示方法之间的相互转换

① 由真值表写出逻辑函数表达式。

● 找出真值表中所有使逻辑函数 F=1 的那些输入变量取值的组合。

● 每组输入变量取值的组合对应一个乘积项，其中取值为 1 的写为原变量，取值为 0 的写为反变量。

● 将这些乘积项相或，即得 F 的逻辑函数表达式。

② 由逻辑函数表达式画出逻辑图。

● 按照题目要求将逻辑函数表达式转换成指定形式。

● 用逻辑符号代替逻辑函数表达式中的运算符号。

● 按照从输入到输出的顺序将逻辑符号连接起来。

③ 由逻辑图写出逻辑函数表达式。

● 从输入到输出逐级写出各逻辑符号所对应的逻辑函数表达式。

● 从输出到输入依次写出各级的逻辑函数表达式，最终得到该电路的逻辑函数表达式。

④ 由逻辑函数表达式画出卡诺图。

● 将逻辑函数表达式转换成标准的与或式。

● 在卡诺图中填入具体的值，如果最小项出现在逻辑函数表达式中，则在卡诺图的对应小方格中填 1，否则填 0。

● 如果逻辑函数表达式中含有无关项，则在卡诺图的对应小方格中填"×"。

（6）逻辑函数的最小项表达式

最小项：如果具有 n 个变量的逻辑函数的"与项"包含全部 n 个变量，每个变量以原变量或反变量的形式出现，且仅出现一次，则这种"与项"称为最小项。最小项的特点：只有一组变量的取值能使某个最小项的取值为 1，其他组变量的取值都将使该最小项的取值为 0；任意两个最小项的逻辑与恒为 0；对有 n 个变量的最小项，每个最小项有 n 个相邻项。相邻项是指两个最小项仅有一个变量互为相反变量。

（7）逻辑函数的化简方法

① 逻辑代数化简法：利用逻辑代数的基本公式和规则对给定的逻辑函数表达式进行化简。

② 卡诺图化简法。

ⅰ）卡诺图的构成：将有 n 个逻辑变量的全部最小项各用一个小方格表示，并使具有逻辑相邻性的最小项在几何位置上也相邻，按照这一规则排列的几何图形称为 n 变量最小项的卡诺图。

ⅱ）逻辑函数的卡诺图表示：当逻辑函数是以真值表或波形形式给出时，可以将使得逻辑函数为 1 的所有逻辑变量取值的组合相或，从而得到其最小项的表达式，然后画卡诺图。当逻辑函数以一般与或形式给出时，可以将每个与项覆盖的小方格填 1，重复覆盖时，只填一次。

ⅲ）用卡诺图化简逻辑函数。确定每个填 1 的小方格及和它相邻的所有填 1 的小方格；圈起具有相邻关系的填 1 的小方格；无关项在卡诺图上用"×"表示，化简时可代表 0，也可代表 1；写出最简逻辑函数表达式。

ⅳ）卡诺图画圈的原则如下。

● 圈 1 得原函数，圈 0 得反函数。
● 圈必须覆盖所有的 1。
● 圈中相邻的 1 的个数必须是 2^n 个。
● 圈的个数必须最少（乘积项最少）。
● 圈越大越好（消去的变量多）。
● 每个圈至少包含一个新的最小项。

1.2　教学要求

1．掌握十进制数、二进制数、八进制数、十六进制数之间的转换；掌握二-十进制编码，了解其他编码。

2．掌握逻辑代数中的基本公式和运算规则；掌握逻辑函数的逻辑函数表达式、真值表、逻辑图、卡诺图等表示方法；掌握逻辑函数的化简方法。

1.3　解题指导

【例 1-1】试用公式化简法将下述逻辑函数化简为最简与或表达式。

$$F_1(A,B,C) = AC + B\overline{C} + \overline{A}B$$

$$F_2(A,B,C,D) = A\overline{B}\,\overline{C} + \overline{A}B + \overline{A}D + C + BD$$

$$F_3(A,B,C,D) = \overline{(A\overline{B} + \overline{A}B \cdot C + A\overline{B}C)}(AD + BC)$$

解：用公式法化简逻辑函数时，经常借助逻辑代数的基本公式和常用公式，例如：

$$A + \bar{A}B = A + B, \quad A + AB = A, \quad AB + A\bar{B} = A$$

$$AB + \bar{A}C + BC = AB + \bar{A}C, \quad \overline{A\bar{B}} + \overline{\bar{A}B} = AB + \bar{A}\bar{B}$$

题目 3 个逻辑函数的具体化简过程如下：

$$F_1(A,B,C) = AC + B\bar{C} + \bar{A}B$$

$$\begin{aligned}
&= AC + B\bar{C} + \bar{A}B + BC && (AC + \bar{A}B + BC = AC + \bar{A}B)\\
&= AC + \bar{A}B + B\bar{C} + BC && (\bar{B}C + BC = B)\\
&= AC + \bar{A}B + B && (B + \bar{A}B = B)\\
&= AC + B
\end{aligned}$$

$$F_2(A,B,C,D) = A\bar{B}\bar{C} + \bar{A}B + \bar{A}D + C + BD \qquad (A\bar{B}\bar{C} + C = A\bar{B} + C)$$

$$\begin{aligned}
&= A\bar{B} + \bar{A}B + \bar{A}D + C + BD && (A\bar{B} + \bar{A}B = \bar{B})\\
&= \bar{B} + \bar{A}D + C + BD && (\bar{B} + BD = \bar{B} + D)\\
&= \bar{B} + D + \bar{A}D + C && (D + \bar{A}D = D)\\
&= \bar{B} + C + D
\end{aligned}$$

$$F_3(A,B,C,D) = \overline{(A\bar{B} + \bar{A}B} \cdot C + A\bar{B}C)(AD + BC) \qquad (\overline{A\bar{B} + \bar{A}B} = AB + \bar{A}\bar{B})$$

$$\begin{aligned}
&= [(AB + \bar{A}\bar{B})C + A\bar{B}C](AD + BC)\\
&= (ABC + \bar{A}\bar{B}C + A\bar{B}C)(AD + BC) && (ABC + A\bar{B}C = AC)\\
&= (AC + \bar{A}\bar{B}C)(AD + BC) && (AC + \bar{A}\bar{B}C = AC + \bar{B}C)\\
&= (AC + \bar{B}C)(AD + BC)\\
&= ACD + A\bar{B}CD + ABC && (ACD + A\bar{B}CD = ACD)\\
&= ACD + ABC
\end{aligned}$$

【例 1-2】 用卡诺图化简下面具有约束条件的逻辑函数：

$$F(A,B,C,D) = \sum(m_2, m_4, m_6, m_9, m_{13}, m_{14}) + \sum{}_d(m_0, m_1, m_3, m_{11}, m_{15})$$

解：约束是指逻辑函数中各逻辑变量之间互相制约的关系，而约束项就是具有某种制约关系的最小项。利用约束项受制约的关系，我们可以假设这些最小项不会被输入，故在合并时，根据化简的需要，可任意设定这些约束项的值为 0 或 1，从而使逻辑函数更为简单。

我们常在表达式中用 $\sum{}_d(\cdots)$ 来表示约束项之和，而在卡诺图中，用"×"来表示约束项。

逻辑函数 F 的卡诺图如图 1-1 所示，F 的最简与或表达式如下：

$$F = AD + \bar{A}\bar{D} + BC\bar{D}$$

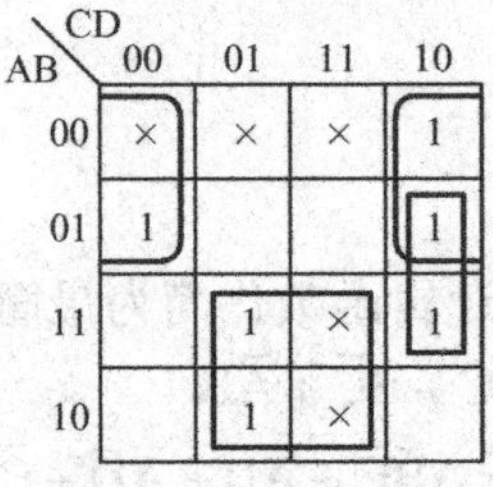

AB\CD	00	01	11	10
00	×	×	×	1
01	1			1
11		1	×	1
10		1	×	

图 1-1　例 1-2 的图

1.4 习题解答

1-1 将二进制数转换为十进制数：$(1011)_2$，$(11011)_2$，$(110110)_2$，$(1101100)_2$。

解：$(1011)_2=(11)_{10}$，$(11011)_2=(27)_{10}$，$(110110)_2=(54)_{10}$，$(1101100)_2=(108)_{10}$

1-2 将二进制数转换为十六进制数：$(11101011)_2$，$(1010110101)_2$，$(11100101110)_2$。

解：$(11101011)_2=(EB)_{16}$，$(1010110101)_2=(2B5)_{16}$，$(11100101110)_2=(72E)_{16}$

1-3 将二进制数转换为八进制数：$(10111)_2$，$(101110)_2$，$(1011100)_2$，$(101110001)_2$。

解：$(10111)_2=(27)_8$，$(101110)_2=(56)_8$，$(1011100)_2=(134)_8$，$(101110001)_2=(561)_8$

1-4 将十六进制数转换为二进制数：$(4AC)_{16}$，$(ACB9)_{16}$，$(78ADF)_{16}$，$(98EBC)_{16}$。

解：$(4AC)_{16}=(10010101100)_2$，$(ACB9)_{16}=(1010110010111001)_2$，
$(78ADF)_{16}=(1111000101011011111)_2$，$(98EBC)_{16}=(10011000111010111100)_2$

1-5 将八进制数和十六进制数转换为十进制数：$(675)_8$，$(A675)_{16}$，$(111)_8$，$(111A)_{16}$。

解：$(675)_8=(445)_{10}$，$(A675)_{16}=(42613)_{10}$，$(111)_8=(73)_{10}$，$(111A)_{16}=(4378)_{10}$

1-6 将十进制数转换为八进制数：$(105)_{10}$，$(99)_{10}$，$(9)_{10}$，$(900)_{10}$。

解：$(105)_{10}=(151)_8$，$(99)_{10}=(143)_8$，$(9)_{10}=(11)_8$，$(900)_{10}=(1604)_8$

1-7 将十进制数转换为十六进制数：$(100)_{10}$，$(10)_{10}$，$(110)_{10}$，$(88)_{10}$。

解：$(100)_{10}=(64)_{16}$，$(10)_{10}=(A)_{16}$，$(110)_{10}=(6E)_{16}$，$(88)_{10}=(58)_{16}$

1-8 将十进制数写成 8421 BCD 代码：$(987)_{10}$，$(3456)_{10}$，$(7531)_{10}$。

解：$(987)_{10}=(100110000111)_{8421}$，$(3456)_{10}=(0011010001010110)_{8421}$，
$(7531)_{10}=(0111010100110001)_{8421}$

1-9 将 8421 BCD 码写成十进制数：$(010110001001)_{8421}$，$(1000100100111000)_{8421}$。

解：$(010110001001)_{8421}=(589)_{10}$，$(1000100100111000)_{8421}=(8938)_{10}$

1-10 电路如图 1-2 所示，设开关闭合为 1，断开为 0；灯亮为 1，灯灭为 0。试写出灯 F_1 和 F_2 对开关 A、B、C 的逻辑关系真值表，并写出 F_1 和 F_2 对开关 A、B、C 的逻辑函数表达式。

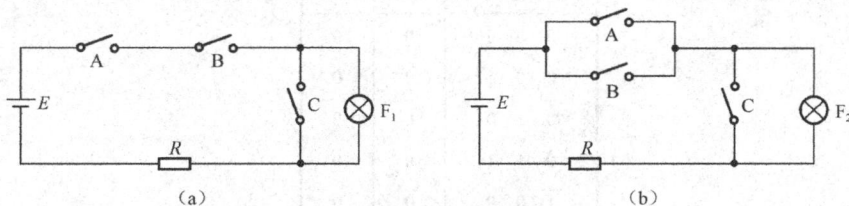

图 1-2 习题 1-10 的图

解：得 F_1、F_2 真值表见表 1-3。

表 1-3 习题 1-10 的表

A	B	C	F_1	F_2
0	0	0	0	0
0	0	1	0	0
0	1	0	0	1
0	1	1	0	0
1	0	0	0	1
1	0	1	0	0
1	1	0	1	1
1	1	1	0	0

得逻辑函数表达式：

$$F_1 = AB\overline{C}$$

$$F_2 = A\overline{B}\overline{C} + AB\overline{C} + \overline{A}B\overline{C}$$

$$= A\overline{C} + B\overline{C}$$

$$= \overline{C}(A + B)$$

1-11 判断下列逻辑运算是否正确？并说明。

（1）若 A+B=A，则 B=0。

（2）若 1+B =A·B，则 A=B=1。

（3）若 A·B=A·C，则 B=C。

解：（1）错误。由表 1-4 可知，因为 A+B=A，所以 A=1 时，B=0 和 B=1 均可以。而 A=0 时，只能 B=0。

（2）正确。由表 1-5 可知，因为 1+B=1，且 1+B=A·B，即 A·B=1，所以 A=B=1。

表 1-4 习题 1-11（1）的表

A B	A	A+B
0 0	0	0
0 1	0	1
1 0	1	1
1 1	1	1

表 1-5 习题 1-11（2）的表

A B	1+B	A·B
0 0	1	0
0 1	1	0
1 0	1	0
1 1	1	1

（3）错误。由表 1-6 可知，因为 A=0 时，若 A·B=A·C，则 B≠C 也成立；而 A=1 时，若 A·B=A·C，必有 B=C。

表 1-6 习题 1-11（3）的表

A B C	A·B	A·C
0 0 0	0	0
0 0 1	0	0
0 1 0	0	0
0 1 1	0	0
1 0 0	0	0
1 0 1	0	1
1 1 0	1	0
1 1 1	1	1

1-12 在函数 F=AB+C 的真值表中，F=1 的状态有多少个？

解：在 F=AB+C 的真值表中，F=1 的状态有 001、011、101、110 和 111 共 5 个。

1-13 用真值表法证明：

（1）AB+C=(A+C)(B+C)

（2）$\overline{AB} = \overline{A} + \overline{B}$

解：由真值表（见表 1-7 和表 1-8）可以看出，上述两式均成立。

表 1-7　习题 1-13（1）的表　　　　　　　表 1-8　习题 1-13（2）的表

A B C	AB+C	(A+C)(B+C)
0 0 0	0	0
0 0 1	1	1
0 1 0	0	0
0 1 1	1	1
1 0 0	0	0
1 0 1	1	1
1 1 0	1	1
1 1 1	1	1

A B	$\overline{AB}$	$\overline{A}+\overline{B}$
0 0	1	1
0 1	1	1
1 0	1	1
1 1	0	0

1-14　用逻辑代数的基本公式和常用公式化简下列逻辑函数：

$$F_1 = A\overline{B} + \overline{A}B + A$$

$$F_2 = A\overline{B}\overline{C} + ABC + A\overline{B}C + AB\overline{C} + \overline{A}B$$

$$F_3 = \overline{A} + \overline{B} + \overline{C} + \overline{D} + ABCD$$

$$F_4 = AB + \overline{A}C + BC + A + \overline{C}$$

解：$F_1 = A\overline{B} + \overline{A}B + A = A(\overline{B}+1) + \overline{A}B = A + B$

$F_2 = A\overline{B}\overline{C} + ABC + A\overline{B}C + AB\overline{C} + \overline{A}B = AC(\overline{B}+B) + AC(B+\overline{B}) + \overline{A}B = A + B$

$F_3 = \overline{A} + \overline{B} + \overline{C} + \overline{D} + ABCD = \overline{ABCD} + ABCD = 1$

$F_4 = AB + \overline{A}C + BC + A + \overline{C} = A(B+1) + \overline{A}C + BC + \overline{C} = A + C + B + \overline{C} = 1$

1-15　证明下列异或运算公式：

$$A \oplus 0 = A, \ A \oplus 1 = \overline{A}, \ A \oplus A = 0, \ A \oplus \overline{A} = 1, \ AB \oplus A\overline{B} = A, \ A \oplus \overline{B} = \overline{A \oplus B}$$

解：$A \oplus 0 = A \cdot \overline{0} + \overline{A} \cdot 0 = A$

$A \oplus 1 = A \cdot \overline{1} + \overline{A} \cdot 1 = \overline{A}$

$A \oplus A = A \cdot \overline{A} + \overline{A} \cdot A = 0$

$A \oplus \overline{A} = A \cdot \overline{\overline{A}} + \overline{A} \cdot \overline{A} = A + \overline{A} = 1$

$AB \oplus A\overline{B} = AB \cdot \overline{A\overline{B}} + \overline{AB} \cdot A\overline{B} = AB + A\overline{B} = A$

$A \oplus \overline{B} = AB + \overline{A}\overline{B} = \overline{A \oplus B}$

1-16　用公式法证明下列等式：

（1）$A\overline{B} + B\overline{C} + C\overline{A} = \overline{A}B + \overline{B}C + \overline{C}A$　　　　（2）$\overline{A}C + \overline{A}B + BC + \overline{A}CD = \overline{A} + BC$

解：（1）左式 $= A\overline{B}(C+\overline{C}) + B\overline{C}(A+\overline{A}) + C\overline{A}(B+\overline{B})$

$= A\overline{B}C + A\overline{B}\overline{C} + AB\overline{C} + \overline{A}B\overline{C} + \overline{A}BC + \overline{A}\overline{B}C$

$= \overline{A}B(\overline{C}+C) + \overline{B}C(A+\overline{A}) + A\overline{C}(\overline{B}+B)$

$= \overline{A}B + \overline{B}C + A\overline{C} = $右式

（2）左式 $= \overline{A}(\overline{C} + \overline{B} + \overline{C}D) + BC = \overline{A} \cdot \overline{BC} + BC = \overline{A} + BC = $右式

1-17　求下列逻辑函数的反函数：

（1）$F_1 = A\overline{B} + \overline{A}B$　　　　　　　　（2）$F_2 = ABC + \overline{\overline{A} + \overline{B} + \overline{C}}$

（3）$F_3 = \overline{A+B+\overline{C}+\overline{\overline{D}+\overline{E}}}$　　　　（4）$F_4 = (A+B+C)\cdot(\overline{A}+\overline{B}+\overline{C})$

解：（1）$\overline{F_1} = (\overline{A}+B)(A+\overline{B}) = \overline{A}\overline{B}+AB$

　　　（2）$\overline{F_2} = (\overline{A}+\overline{B}+\overline{C})\cdot\overline{ABC} = \overline{ABC}\cdot\overline{ABC} = \overline{ABC}$

　　　（3）$\overline{F_3} = \overline{A}\cdot\overline{B}\cdot C\cdot\overline{\overline{D}\cdot\overline{E}} = \overline{ABC}\cdot(D+E)$

　　　（4）$\overline{F_4} = \overline{A}\overline{B}\overline{C}+ABC$

1-18　求下列逻辑函数的对偶式：

（1）$F_1 = AB+CD$　　　　　　　　（2）$F_2 = (A+B)\cdot(C+D)$

（3）$F_3 = \overline{A+B}+\overline{A}\cdot\overline{B}$　　　　　（4）$F_4 = \overline{A+B+\overline{\overline{C}+\overline{DF}}}$

解：（1）$F_1' = (A+B)(C+D)$

　　　（2）$F_2' = AB+CD$

　　　（3）$F_3' = \overline{AB}\cdot(\overline{A}+\overline{B}) = \overline{AB}\cdot\overline{AB} = \overline{AB}$

　　　（4）$F_4' = \overline{A\cdot B\cdot\overline{\overline{C}\cdot\overline{D}+F}} = \overline{AB\cdot\overline{\overline{CDF}}} = \overline{AB}+\overline{CDF}$

1-19　用卡诺图化简下列函数：

（1）$F(A,B,C) = \sum(m_0, m_1, m_2, m_4, m_5, m_7)$

（2）$F(A,B,C,D) = \sum(m_2, m_3, m_6, m_7, m_8, m_{10}, m_{12}, m_{14})$

（3）$F(A,B,C,D) = \sum(m_0, m_1, m_2, m_3, m_4, m_6, m_8, m_9, m_{10}, m_{11}, m_{12}, m_{14})$

解：分别画出题目中给定的逻辑函数的卡诺图，写出最简与或表达式，如图1-3所示。

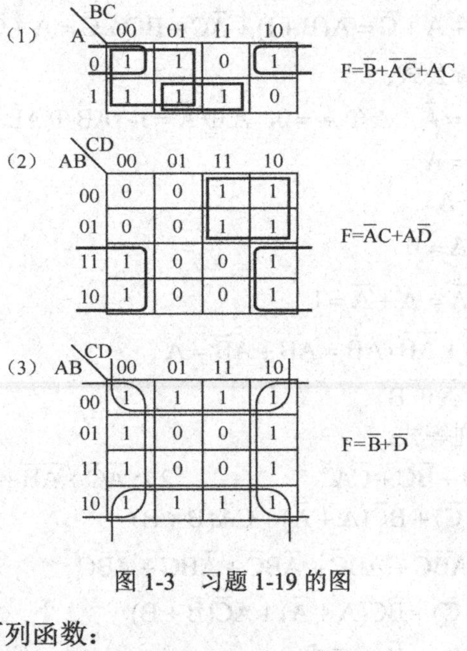

图1-3　习题1-19的图

1-20　用卡诺图化简下列函数：

（1）$F = \overline{A}\overline{B}\overline{C}D + \overline{A}BC\overline{D} + AB\overline{C}\overline{D} + ABCD + A\overline{B}\overline{C}\overline{D}$

无关项：$\overline{A}\overline{B}\overline{C}\overline{D} + \overline{A}\overline{B}C\overline{D} + \overline{A}BC\overline{D} + \overline{A}BCD + A\overline{B}\overline{C}\overline{D}$

（2）$F = \overline{A}\overline{B}\overline{C}\overline{D} + A\overline{B}\overline{C}D + \overline{A}BCD + A\overline{B}CD$

无关项：$\overline{A}\overline{B}CD + \overline{A}B\overline{C}D + ABCD$

解：分别画出题目中给定的逻辑函数的卡诺图，写出最简与或表达式，如图 1-4 所示。

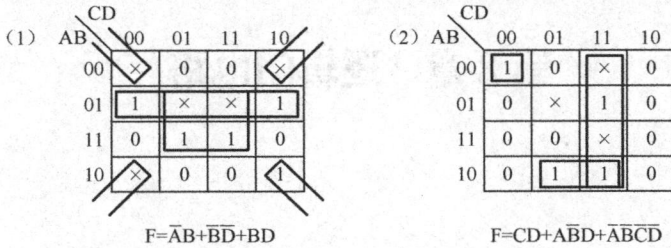

(1)

AB\CD	00	01	11	10
00	×	0	0	×
01	1	×	×	1
11	0	1	1	0
10	×	0	0	×

$F = \overline{A}B + \overline{B}\,\overline{D} + BD$

(2)

AB\CD	00	01	11	10
00	1	0	×	0
01	0	×	1	0
11	0	0	×	0
10	0	1	1	0

$F = CD + A\overline{B}D + \overline{A}\,\overline{B}\,\overline{C}\,\overline{D}$

图 1-4 习题 1-20 的图

1-21 用卡诺图判断逻辑函数 Z 与 Y 有何关系。

（1） $Z = AB + BC + CA$

$Y = \overline{A}\,\overline{B} + \overline{B}\,\overline{C} + \overline{C}\,\overline{A}$

（2） $Z = D + B\overline{A} + \overline{C}B + \overline{C}A + C\overline{B}A$

$Y = A\overline{B}\,\overline{C}\,\overline{D} + ABC\overline{D} + \overline{A}\,\overline{B}C\overline{D}$

解：分别画出题目中给定的逻辑函数 Z、Y 的卡诺图，写出最简与或表达式，如图 1-5 所示。通过卡诺图和最简与或表达式可以看出，Z 和 Y 互为反函数。

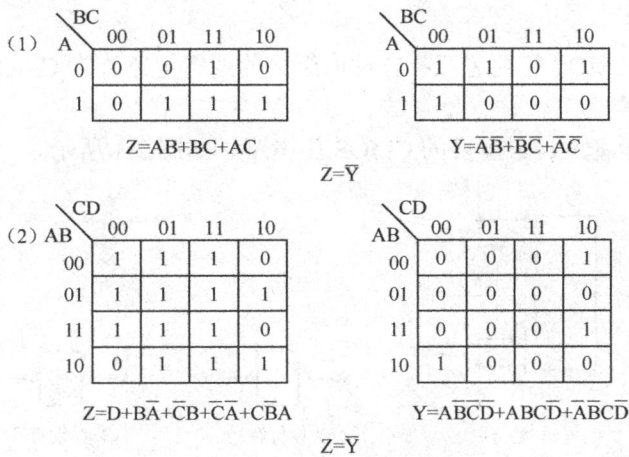

(1)

A\BC	00	01	11	10
0	0	0	1	0
1	0	1	1	1

$Z = AB + BC + AC$

A\BC	00	01	11	10
0	1	1	0	1
1	1	0	0	0

$Y = \overline{A}\,\overline{B} + \overline{B}\,\overline{C} + \overline{A}\,\overline{C}$

$Z = \overline{Y}$

(2)

AB\CD	00	01	11	10
00	1	1	1	0
01	1	1	1	1
11	1	1	1	0
10	0	1	1	1

$Z = D + B\overline{A} + \overline{C}B + \overline{C}A + C\overline{B}A$

AB\CD	00	01	11	10
00	0	0	0	1
01	0	0	0	0
11	0	0	0	1
10	1	0	0	0

$Y = A\overline{B}\,\overline{C}\,\overline{D} + ABC\overline{D} + \overline{A}\,\overline{B}C\overline{D}$

$Z = \overline{Y}$

图 1-5 习题 1-21 的图

第2章 逻辑门电路

2.1 学习要点

在数字电路中，集成逻辑门电路是组成各种逻辑电路的基本逻辑单元。

1. 集成逻辑门电路概述

集成逻辑门电路按照制造门电路使用的晶体管不同分为 MOS 型、双极型和混合型。MOS型主要有 CMOS、NMOS 门电路等，双极型主要有 TTL 和 ECL 门电路，混合型主要有 Bi-CMOS门电路。CMOS 门电路是目前使用最广泛、占主导地位的集成电路，具有集成度高、成本低、功耗低和抗干扰能力强等优点。

2. CMOS 门电路

利用 NMOS 管和 PMOS 管两者互补特性而组成的逻辑电路称为 CMOS 门电路。

（1）CMOS 反相器

CMOS 反相器是最基本、最重要的 CMOS 门电路，如图 2-1 所示。

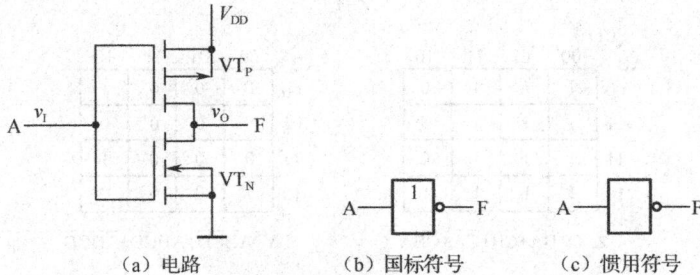

（a）电路　　　　（b）国标符号　　　　（c）惯用符号

图 2-1　CMOS 反相器

学习和使用 CMOS 反相器，就必须掌握 CMOS 反相器的几个工作特性：电压传输特性、电流传输特性、输入特性、输出特性和抗干扰能力。

电压传输特性曲线是描述输出电压 v_O 与输入电压 v_I 之间对应关系的曲线，如图 2-2 所示。电流传输特性曲线是描述漏极电流 i_D 随输入电压 v_I 变化关系的曲线，如图 2-3 所示。

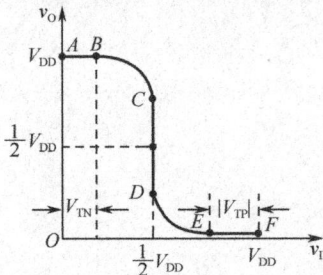

图 2-2　电压传输特性曲线

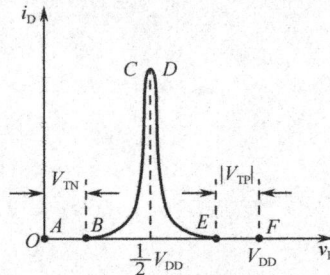

图 2-3　电流传输特性曲线

曲线分为 *AB* 段、*BC* 段、*CD* 段、*DE* 段和 *EF* 段。当 CMOS 反相器处于 *AB* 段和 *EF* 段时，无论输出高电平还是低电平，其工作管和负载管中必有一个截止而另一个导通，因此电源向 CMOS 反相器提供仅为纳安级的漏电流，所以 CMOS 反相器的静态功耗非常小。而在 *BE* 段，也就是 $V_{TN} \leqslant v_I \leqslant V_{DD} - |V_{TP}|$ 时，两管处于同时导通的过渡区域，电源与地之间的电阻变小，电流出现了急剧变化，产生了一个较大的电流尖峰。使用时，应避免长时间工作在此区域，防止功耗过大而损坏器件。

从电压传输特性曲线可以看出，输入、输出端的高、低电平所对应的电压值都有一个波动范围。各种集成门电路都规定了输入低电平的上限值 V_{ILmax}、输入高电平的下限值 V_{IHmin}，以及输出低电平的上限值 V_{OLmax}、输出高电平的下限值 V_{OHmin}。CMOS 反相器在实际应用时，输入端有时会出现干扰电压 V_N 叠加在输入信号上。当干扰电压 V_N 超过一定数值时，就会破坏门电路输出的逻辑状态。通常，把不会破坏门电路输出逻辑状态所允许的最大干扰电压值称为噪声容限。噪声容限示意如图 2-4 所示。噪声容限大，说明抗干扰能力强。抗干扰能力分为以下两类。

输入低电平的抗干扰能力 V_{NL} 为

$$V_{NL} = V_{ILmax} - V_{OLmax}$$

输入高电平的抗干扰能力 V_{NH} 为

$$V_{NH} = V_{OHmin} - V_{IHmin}$$

CMOS 反相器的输入特性曲线是描述输入电流与输入电压之间关系的曲线。由于 CMOS 门电路的输入端采用二极管保护措施，所以输入特性曲线如图 2-5 所示。当输入电压 $0 \leqslant v_I \leqslant V_{DD}$ 时，输入电压 v_I 处在正常工作范围内，输入保护电路不起作用。若输入电压 v_I 超过了正常工作范围，则二极管导通，栅极电位被钳制，保护栅极氧化层不会被击穿。

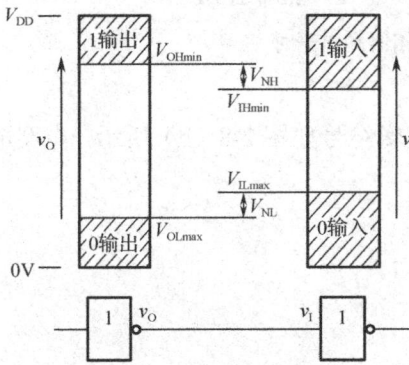

图 2-4　噪声容限示意

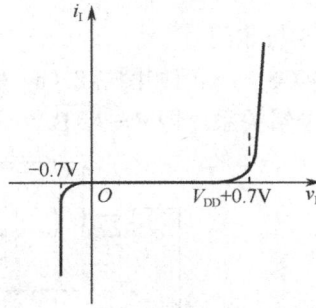

图 2-5　CMOS 反相器的输入特性曲线

CMOS 反相器的输出特性曲线是指描述输出电压与负载电流之间关系的曲线。输出电压有高电平和低电平两种状态，所以就有两种输出特性曲线。

当 CMOS 反相器输出为低电平时，其中的 NMOS 管为导通状态，PMOS 管处于截止状态，其输出等效电路如图 2-6（a）所示。此时，负载电流流入 NMOS 管的漏极，故负载称为灌电流负载，其输出特性曲线如图 2-6（b）所示。为了维持输出低电平的逻辑关系，即 $v_O < V_{OLmax}$，负载电流必须小于此时的最大灌电流 I_{OLmax}。

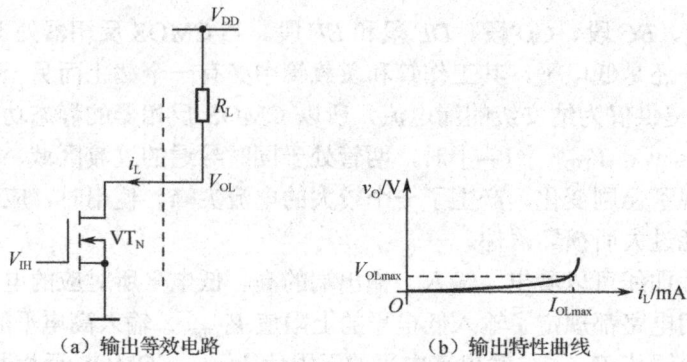

（a）输出等效电路　　　　　（b）输出特性曲线

图 2-6　CMOS 反相器低电平时

当 CMOS 反相器输出为高电平时，NMOS 管为截止状态，PMOS 管处于导通状态，其输出等效电路如图 2-7（a）所示，负载电流从 PMOS 管的漏极流出，故负载称为拉电流负载。输出特性曲线如图 2-7（b）所示。为了维持输出高电平的逻辑关系，即 $v_O > V_{OHmin}$，i_L 应小于最大拉电流 I_{OHmax}。

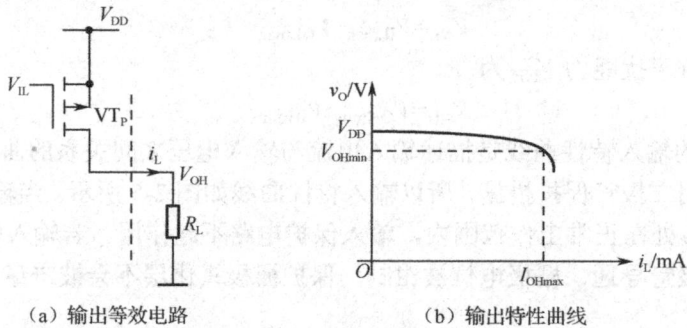

（a）输出等效电路　　　　　（b）输出特性曲线

图 2-7　CMOS 反相器高电平时

（2）CMOS 与非门

两输入 CMOS 与非门如图 2-8（a）所示，逻辑符号如图 2-8（b）所示。电路的输出与输入之间是与非逻辑关系，即 $F = \overline{A \cdot B}$。

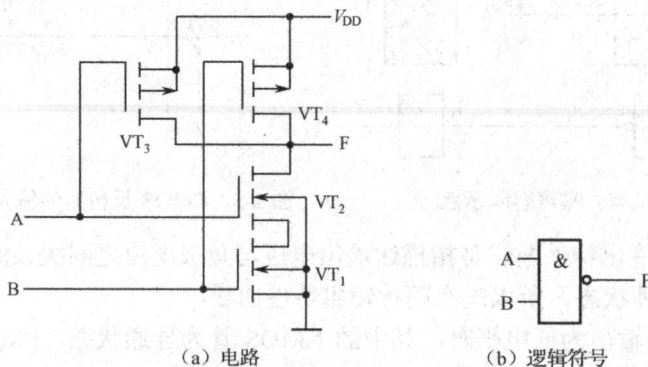

（a）电路　　　　　　　（b）逻辑符号

图 2-8　两输入 CMOS 与非门

CMOS 与非门电路结构很简单，但存在着严重的缺点。它的输出电阻 R_o 的大小受输入状态的影响，输出电平受输入端数目的影响。为了克服这些缺点，在实际生产的 CMOS 与非门电路中均采用带缓冲器的结构，如图 2-9 所示。

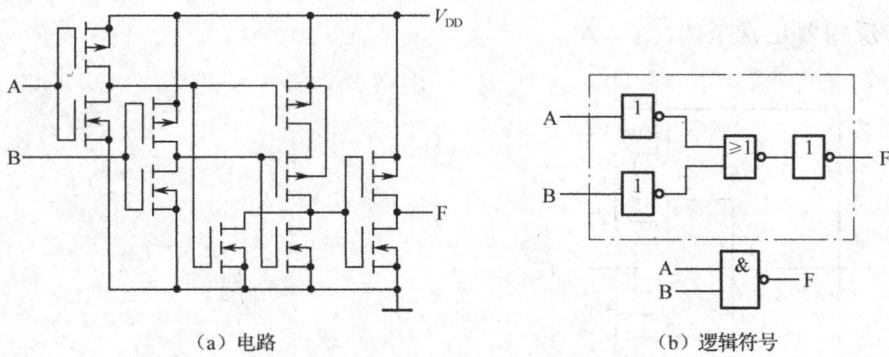

（a）电路　　　　　　　　（b）逻辑符号

图 2-9　带缓冲器的 CMOS 与非门

（3）CMOS 或非门

CMOS 或非门由两个并联的 NMOS 管 VT_1、VT_2 和两个串联的 PMOS 管 VT_3、VT_4 组成，如图 2-10 所示。电路实现或非逻辑功能，即 $F = \overline{A + B}$。

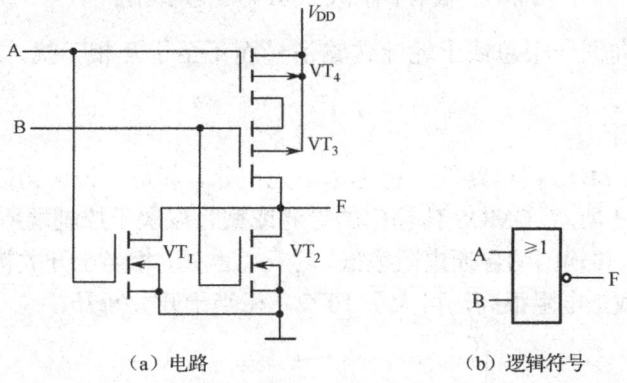

（a）电路　　　　　　　　（b）逻辑符号

图 2-10　CMOS 或非门

带缓冲器的 CMOS 或非门的电路结构和逻辑符号如图 2-11 所示。

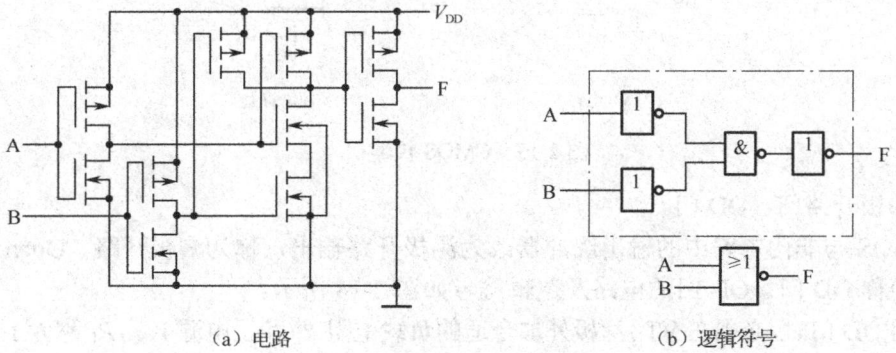

（a）电路　　　　　　　　（b）逻辑符号

图 2-11　带缓冲器的 CMOS 或非门

（4）CMOS 三态输出门

COMS 三态输出门，简称三态门，该门的输出不仅有高电平和低电平两种状态，还有第三种状态叫高阻态（又叫禁止态或开路态）。三态门是在普通门电路基础上加控制电路构成的。低电平有效的 CMOS 三态门如图 2-12（a）所示，其逻辑符号如图 2-12（b）和（c）所示。电路实现的功能：当控制端 $\overline{EN}$ 为高电平时，电路输出端 F 呈现高阻态；当 $\overline{EN}$ 为低电平时，CMOS 反相器正常工作，$F = \bar{A}$。

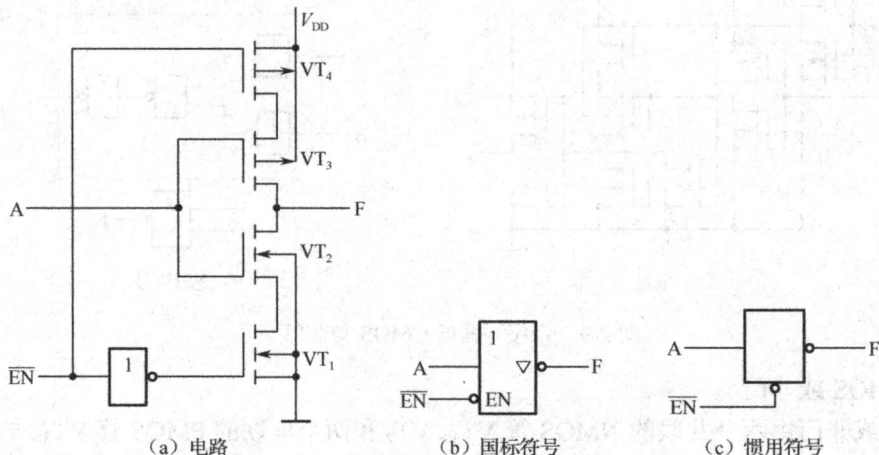

（a）电路　　　　（b）国标符号　　　　（c）惯用符号

图 2-12　低电平有效的 CMOS 三态输出门

可以利用三态门向同一根总线上轮流传输信号而不至于互相干扰，也可以利用三态门实现数据的双向传输。

（5）CMOS 传输门

CMOS 传输门是 CMOS 门电路的一种基本单元电路，其是一种传输信号的可控开关，电路和逻辑符号如图 2-13 所示。CMOS 传输门的导通或截止取决于控制端所加的电平。当 C=1，$\bar{C} = 0$ 时，传输门导通，传输门的导通电阻很低，约几百欧姆，相当于开关接通；而 C=0，$\bar{C} = 1$ 时，传输门截止，其截止电阻很高，可大于 $10^9 \Omega$，相当于开关断开。

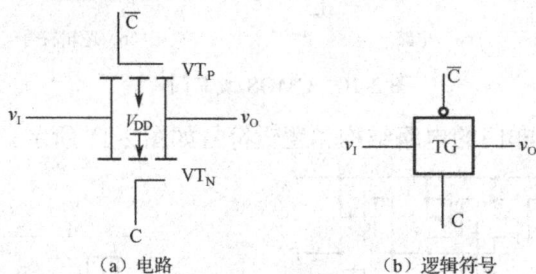

（a）电路　　　　　　　　（b）逻辑符号

图 2-13　CMOS 传输门

（6）漏极开路门（OD 门）

将 CMOS 与非门电路中的输出缓冲器改为漏极开路输出，称为漏极开路（Open Drain）门电路，简称 OD 门。OD 门的电路及逻辑符号如图 2-14 所示。

在使用 OD 门时，必须在 VT_N 漏极外加合适的负载电阻 R_L 和正电源 V_{DD}，R_L 称为上拉电阻。

当该电路的输入 A、B 都为高电平时，NMOS 管 VT_N 导通，输出 F 为低电平。当输入 A、B 中有一个为低电平时，VT_N 截止，输出 F 为高电平。此电路实现与非功能，即 $F = \overline{A \cdot B}$。

几个 OD 门的输出端直接并联后可公用一个负载电阻 R_L 和正电源 V_{DD}。R_L 的选择需要考虑输出为低电平和输出为高电平两种情况。

若有 m 个 OD 门直接并联，并带有 n 个输入端的与非门作为负载，选择外接负载电阻 R_L 时，既要保证输出高电平不低于规定的 V_{OHmin}，又要保证输出低电平不高于规定的 V_{OLmax}，而且不会在电源和地之间形成低阻通路。

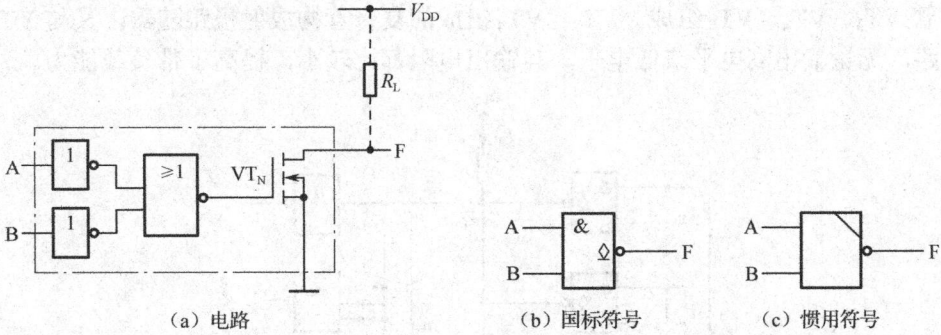

（a）电路　　　　　　　　　　（b）国标符号　　　　　（c）惯用符号

图 2-14　OD 门

假设 m 个 OD 门的输出都为高电平，如图 2-15 所示，要求选择 R_L 时必须保证 $V_{DD}-I_{RL}R_L \geqslant V_{OHmin}$，因此可得

$$V_{DD}-(m I_{OH}+n I_{IH})R_L \geqslant V_{OHmin}$$

$$R_{Lmax} = \frac{V_{DD}-V_{OHmin}}{mI_{OH}+nI_{IH}}$$

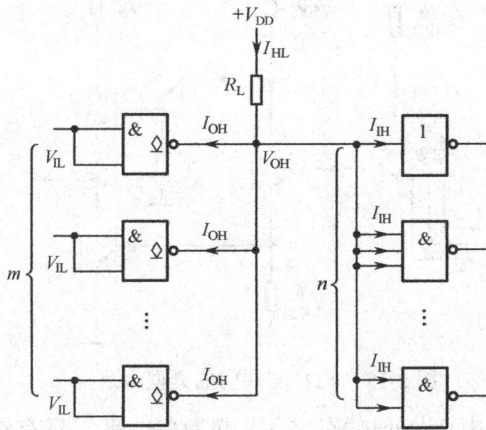

图 2-15　输出为高电平

当 OD 门线与输出为低电平时，按最不利的情况考虑，设只有一个 OD 门处于导通状态，而其他 OD 门均截止，如图 2-16 所示。要求选择 R_L 时必须保证 $V_{DD}-I_{RL}R_L \leqslant V_{OLmax}$，因此可得

$$V_{DD}-(I_{OL}-nI_{IL})R_L \leqslant V_{OLmax}$$

$$R_{Lmin} = \frac{V_{DD}-V_{OLmax}}{I_{OL}-nI_{IL}}$$

最后，根据 R_{Lmax} 和 R_{Lmin} 来选择负载电阻 R_L，即

$$R_{Lmin} \leqslant R_L \leqslant R_{Lmax}$$

3．TTL 与非门

（1）TTL 与非门的典型电路

TTL 与非门的典型电路如图 2-17 所示，它包括输入级、中间级和输出级。输入级由多发射极晶体管 VT_1 和电阻 R_1 组成，实现逻辑与功能。中间级由电阻 R_2、R_3 和晶体管 VT_2 组成，

它的主要作用是从 VT_2 的集电极和发射极同时输出两个相位相反的信号。输出级由电阻 R_4、R_5 和晶体管 VT_3、VT_4、VT_5 组成。VT_3、VT_4 组成的复合管构成射极跟随器，又与 VT_5 构成推拉式电路，无论输出高电平或低电平，其输出电阻都比较小，提高了带负载能力。

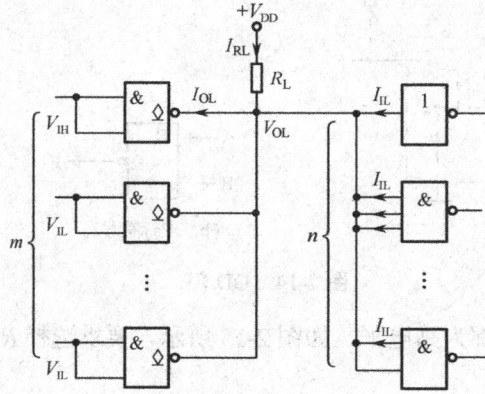

图 2-16   输出为低电平

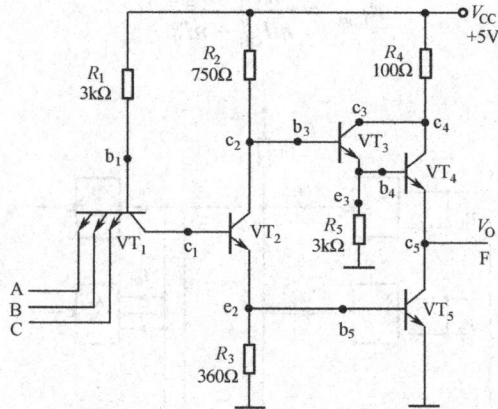

图 2-17   TTL 与非门的典型电路

只要该电路输入有一个以上为低电平，输出就为高电平；只有输入都为高电平时，输出才为低电平。所以该电路实现与逻辑非，即 $F = \overline{A \cdot B \cdot C}$。

（2）TTL 与非门电压传输特性曲线

TTL 与非门的电压传输特性曲线如图 2-18 所示，分为 4 个区段。

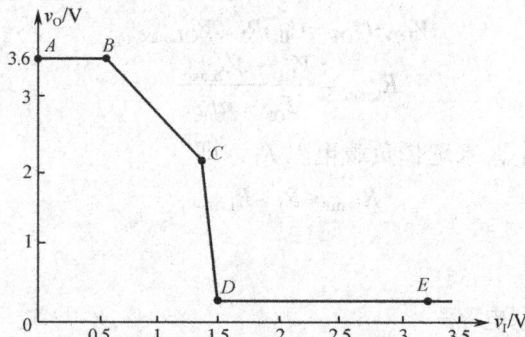

图 2-18   TTL 与非门的电压传输特性曲线

当 TTL 与非门处于 AB 段或 DE 段时，分别输出高电平和低电平，而 BD 段属于线性区和过渡区域，电源与地之间电阻变小，电流出现了急剧变化，产生了一个较大的电流尖峰。CD 段的中点对应的输入电压称为阈值电压 V_T（或门槛电压），$V_T=1.4V$。

（3）TTL 与非门的输入特性曲线

TTL 与非门的输入特性曲线如图 2-19 所示。规定输入电流流入输入端为正，而从输入端流出为负。

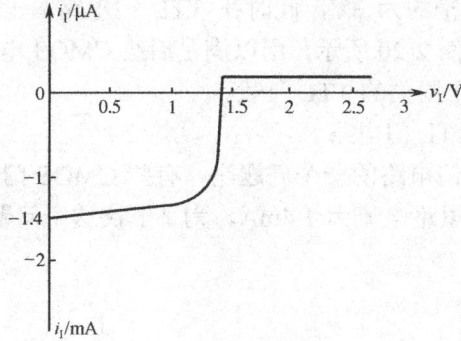

图 2-19　TTL 与非门的输入特性曲线

当 $v_I=0V$ 时，相当于输入端接地，此时的输入电流称为输入短路电流 I_{IS}，$I_{IS}=-(V_{CC}-V_{BE1})/R_1=-(5-0.7)/(3\times10^3)A=-1.4mA$。当 $v_I >1.4V$ 以后，VT_1 进入倒置工作状态，i_I 由 VT_1 的发射极流入输入端，此时的输入电流称为输入高电平电流 I_{IH}，其值约为 $10\mu A$。

（4）TTL 与非门的输入端负载特性曲线

当使用 TTL 与非门时，将输入端经过电阻 R_I 接地，有输入电流流过电阻，从而在电阻两端产生压降形成输入端电位 v_I，电阻 R_I 越大，电位 v_I 越高，V_I 随 R_I 的变化规律称为输入端负载特性。当 v_I 上升到 1.4V 以后，会使与非门内部的 VT_2 和 VT_5 导通，使 v_I 被钳制不随 R_I 变化而上升。因此认为 R_I 较大时，输入端相当于接高电平。注意，CMOS 门电路没有输入端负载特性。通常，当 $R_I<R_{OFF}$ 时，与非门输出高电平，一般 $R_{OFF}\approx0.8k\Omega$；当 $R_I>R_{ON}$ 时，与非门输出低电平，一般 $R_{ON}\approx2k\Omega$。

（5）TTL 与非门的输出特性曲线

对于 TTL 与非门，当输出为低电平时，驱动灌电流负载（负载电流从外部流入门电路），但灌电流不能太大，否则会将输出电平拉高；当输出为高电平时，驱动拉电流负载（负载电流从门电路流出），但拉电流不能太大，太大会将输出电平拉低。

4. ECL 门电路

ECL 门电路是发射极耦合逻辑（Emitter Coupled Logic）电路的简称，是一种非饱和型高速逻辑电路，主要用于高速、超高速数字系统中。与 TTL 门电路相比，它的优点是速度快、带负载能力强、输出端可以并接、实现线或逻辑。它的主要缺点是功耗大、输出电平稳定性差、抗干扰能力差。

5. Bi-CMOS 门电路

Bi-CMOS 技术是一种将 CMOS 器件和双极型器件集成在同一芯片上的技术。Bi-CMOS 技术综合了双极型器件高跨导和强负载驱动能力以及 CMOS 器件高集成度和低功耗的优点，是高速、高集成度、高性能、超大规模集成电路又一条可取的技术路线，主要应用于高性能数字与模拟集成电路领域。

6. TTL 门电路与 CMOS 门电路的接口

（1）TTL 门电路驱动 CMOS 门电路

如果 TTL 门电路与 CMOS 门电路的电源电压都为+5V，则这两种门电路可以直接连接。因为 TTL 门电路的输出高电平约为 3V，此时在 TTL 门电路输出端接一个上拉电阻至电源+5V，便可抬高输出电压，如图 2-20 所示，用以满足后级 CMOS 电路高电平输入的需要，这时的 CMOS 电路就相当于一个同类的 TTL 负载。

（2）CMOS 门电路驱动 TTL 门电路

CMOS 门电路驱动 TTL 门电路的一个问题是，有些 CMOS 门电路不能提供足够的驱动电流，而 TTL 门电路的输入短路电流为 1.4mA。为了解决这个问题，可采用如图 2-21 所示的接口电路。

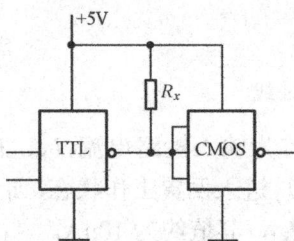

图 2-20　CMOS 门电路用+5V 电源时　　图 2-21　CMOS 门电路通过晶体管驱动 TTL 门电路

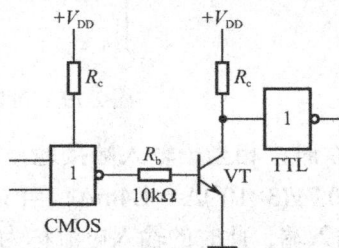

选用 74HCT 系列或 74AHCT 系列的 CMOS 门电路，可以直接驱动 TTL 门电路。

2.2　教学要求

1. 了解集成逻辑门电路分类。
2. 掌握 CMOS 门电路、TTL 门电路的组成和工作原理。
3. 掌握 CMOS 门电路和 TTL 门电路的逻辑功能、特性、主要参数和使用方法。

2.3　解题指导

门电路的习题一般涉及晶体管工作状态的分析和判断，门电路逻辑功能的分析，根据门电路的特性计算相关参数，CMOS 门电路与 TTL 门电路接口问题，以及其他类型的门电路如 OC 门、OD 门、传输门和三态门等。

【例 2-1】分析如图 2-22 所示的 MOS 管开关电路，试写出各电路的输出表达式。

解：对 MOS 管组成的基本电路进行分析时，需要分析电路中的 MOS 管在什么情况下导通、截止，从而分析出电路输入和输出的关系。

图 2-22（a）中，当 A=0 或 A=1，B=1 时，MOS 管截止，F_1=1；当 A=1，B=0 时，MOS 管导通，F_1=0。因此 $F_1=\bar{A}+AB=\bar{A}+B$。

图 2-22（b）中，A 和 B 对应的两个 MOS 管串联，因此当 A=B=1 时，两个 MOS 管都

导通，$F_2=0$；当 A 和 B 取其他值时，MOS 管至少有一个截止，使 $F_2=1$。因此 $F_2=\overline{AB}$。

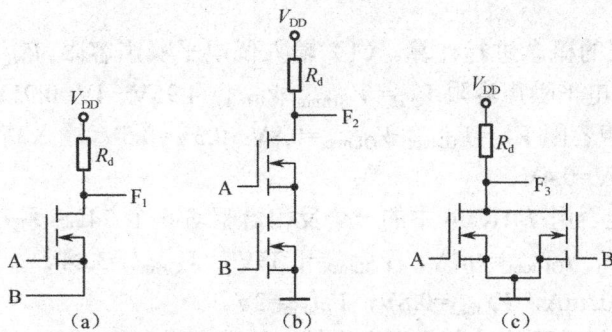

图 2-22 例 2-1 的图

图 2-22（c）中，只要 A 和 B 中有一个为 1，则对应的 MOS 管导通，$F_3=0$；只有当 A=B=0 时 $F_3=1$。因此 $F_3=\overline{A}\cdot\overline{B}=\overline{A+B}$。

【例 2-2】将与非门 74S00 接成如图 2-23 所示电路，试计算与非门的扇出系数。已知：输出电流 $I_{OH}=1mA$，$I_{OL}=20mA$，输入电流 $I_{IH}=0.05mA$，$I_{IL}=2mA$。若将图中的与非门换成或非门 74S02，参数不变，试计算或非门的扇出系数。

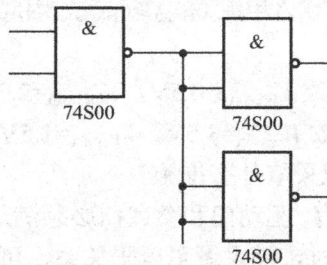

图 2-23 例 2-2 的图

解： 考虑输出高、低电平两种情况，与非门的扇出系数分别为

$$N_{OH}=\frac{I_{OH}}{2I_{IH}}=\frac{1\times10^{-3}}{2\times0.05\times10^{-3}}=10$$

$$N_{OL}=\frac{I_{OL}}{I_{IL}}=\frac{20\times10^{-3}}{2\times10^{-3}}=10$$

因此，与非门的扇出系数为 10。

考虑输出高、低电平两种情况，或非门的扇出系数分别为

$$N_{OH}=\frac{I_{OH}}{2I_{IH}}=\frac{1\times10^{-3}}{2\times0.05\times10^{-3}}=10$$

$$N_{OL}=\frac{I_{OL}}{2I_{IL}}=\frac{20\times10^{-3}}{2\times2\times10^{-3}}=5$$

因此，或非门的扇出系数为 5。

【例 2-3】根据参数计算噪声容限。

（1）已知 CMOS 与非门 CD4011 的静态参数，$V_{OLmax}=0.05V$，$V_{OHmin}=4.95V$，$V_{ILmax}=1V$，$V_{IHmin}=4V$，求其噪声容限 V_{NL} 和 V_{NH}。

（2）某 TTL 门电路的参数，$V_{OLmax}=0.3V$，$V_{OHmin}=2.4V$，$V_{ILmax}=0.8V$，$V_{IHmin}=2.0V$，求其噪声容限 V_{NL} 和 V_{NH}。

解：根据噪声容限的概念进行计算。（1）输入低电平噪声容限 $V_{NL}=V_{ILmax}-V_{OLmax}=1V-0.05V=0.95V$，输入高电平噪声容限 $V_{NH}=V_{OHmin}-V_{IHmin}=4.95V-4V=0.95V$。

（2）输入低电平噪声容限 $V_{NL}=V_{ILmax}-V_{OLmax}=0.8V-0.3V=0.5V$，输入高电平噪声容限 $V_{NH}=V_{OHmin}-V_{IHmin}=2.4V-2.0V=0.4V$。

【例 2-4】试判断能否用 74HC04 中的一个反相器驱动 6 个 74LS 系列门。已知 HC 系列门的参数 $I_{OLmax}=4mA$，$I_{OHmax}=4mA$，$V_{OLmax}=0.33V$，$V_{OHmin}=3.84V$；74LS 系列的参数 $I_{ILmax}=0.4mA$，$I_{IHmax}=0.02mA$，$V_{ILmax}=0.8V$，$V_{IHmin}=2V$。

解：可以根据驱动门是否能给负载门提供足够的灌电流和拉电流，来判断逻辑电平是否兼容。

驱动门和负载门的逻辑电平必须满足 $V_{OHmin} \geqslant V_{IHmin}$，$V_{OLmax} \leqslant V_{ILmax}$。由于驱动门 $V_{OLmax}=0.33V$，$V_{OHmin}=3.84V$，负载门 $V_{ILmax}=0.8V$，$V_{IHmin}=2V$，因此 HC 系列门与 74LS 系列门的逻辑电平匹配。

驱动门能否给负载门提供足够的电流：驱动门输出低电平时，74HC04 的 $I_{OLmax}=4mA$，6 个 74LS 系列门总的输入电流 $I_{ILtotal}=6\times0.4mA=2.4mA$，故满足 $I_{OLmax} \geqslant I_{ILtotal}$；驱动门输出高电平时，74HC04 的 $I_{OHmax}=4mA$，负载门总的输入电流 $I_{IHmax} \geqslant I_{IHtotal}$。因此，一个 74HC04 中的一个反相器可以驱动 6 个 74LS 系列门。

【例 2-5】已知 74LS 系列门参数 $V_{OLmax}=0.5V$，$V_{OHmin}=2.7V$；74HCT 系列门参数 $V_{ILmax}=0.8V$，$V_{IHmin}=2V$；74HC 系列门参数 $V_{IHmin}=3.5V$，$V_{ILmax}=1.5V$。试判断能否用 TTL 门电路直接驱动 CMOS 门电路？若不能，应采取什么措施？

解：主要考虑逻辑电平是否兼容，驱动门和负载门必须满足 $V_{OHmin} \geqslant V_{IHmin}$，$V_{OLmax} \leqslant V_{ILmax}$。当 TTL 门电路驱动 74HCT 系列门时，满足逻辑电平关系，可以直接相连。

当 TTL 门电路驱动 74HC 系列门时，不满足 $V_{OHmin} \geqslant V_{IHmin}$ 的逻辑电平关系，在 TTL 门电路输出端与 5V 电源间接一个上拉电阻 R_P，以提高 TTL 门电路输出高电平。TTL 门电路输出级 VT_5 管截止时的漏电流 I_O 和 I_{IH} 都很小，$V_{OH}=V_{DD}-R_P(I_O+nI_{IH})$，故只要 R_P 不是很大，则 $V_{OH} \approx V_{DD}$，电路如图 2-24 所示。

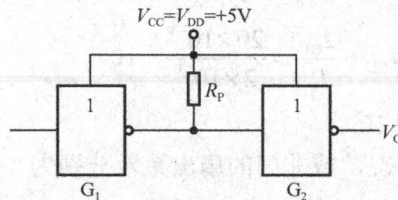

图 2-24 例 2-5 的图

【例 2-6】如图 2-25 所示，用集电极开路的 TTL 门电路驱动 CMOS 门电路，试计算上拉电阻 R_L 的取值范围。TTL 与非门在 $V_{OL} \leqslant 0.3V$ 时 $I_{OLmax}=8mA$，其中输出端 VT_5 管截止时输出高电平的漏电流为 $I_{OH}=50\mu A$。CMOS 或非门的高电平输入电流最大值 I_{IHmax} 和低电平输入电流最大值 I_{ILmax} 均为 $1\mu A$，要求加到 CMOS 或非门输入端的电压满足 $V_{IH} \geqslant 4V$，$V_{IL} \leqslant 0.3V$，$V_{DD}=5V$。

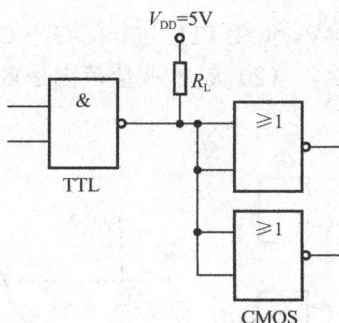

图 2-25 例 2-6 的图

解：根据 $V_{IH} \geq 4V$ 的要求及已知的 TTL 与非门输出高电平时的漏电流 I_{OH} 和 CMOS 或非门的高电平输入电流最大值 I_{IHmax}，即可求得 R_L 的最大允许值：

$$R_{Lmax} = \frac{V_{DD} - V_{IH}}{I_{OH} + 4I_{IHmax}} = \frac{5-4}{50 \times 10^{-6} + 4 \times 1 \times 10^{-6}} \Omega = 18.5 k\Omega$$

根据 $V_{IL} \leq 0.3V$ 的要求及 TTL 与非门低电平输出电流最大值 I_{OLmax} 和 CMOS 或非门的低电平输入电流最大值 I_{ILmax}，即可求得 R_L 的最小允许值：

$$R_{Lmin} = \frac{V_{DD} - V_{IL}}{I_{OLmax} - 4I_{ILmax}} = \frac{5-0.3}{8 \times 10^{-3} - 4 \times 1 \times 10^{-6}} \Omega = 0.59 k\Omega$$

【例 2-7】 判断 CMOS 门电路、TTL 门电路输入端通过电阻接地时的逻辑电平。如图 2-26 所示逻辑门均为 5V 电源供电，分别讨论采用 CMOS 和 TTL 门电路情况下的输出是什么？TTL 门电路为 74LS 系列门，$V_{IL}=0.8V$，$V_{IH}=2V$。

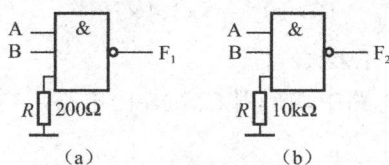

图 2-26 例 2-7 的图

解：该题目考查 TTL 门电路的输入端负载特性，而 CMOS 门电路不具有输入端负载特性。

当两个门电路都是 CMOS 门电路时，由于 MOS 管栅极是绝缘的，栅极电流近似为零，所以输入端通过电阻接地，无论电阻取何值，只要不是无穷大，其输入端均为地电位，因此图 2-26（a）和图 2-26（b）所示与非门的输出均为高电平，即 $F_1 = F_2 = \overline{A \cdot B \cdot 0} = 1$。

当两个门电路都是 TTL 门电路时，根据图 2-17 所示的 TTL 与非门的典型电路，得出 R_{OFF} 和 R_{ON} 的计算公式如下：

$$R = \frac{R_1}{\dfrac{V_{CC} - V_{BE1}}{v_I} - 1}$$

分别计算得 $R_{OFF}=685\Omega$，$R_{ON}=2.6k\Omega$。

图 2-26（a）中，$R < R_{OFF}$，该输入端为低电平，$F_1 = \overline{A \cdot B \cdot 0} = 1$；图 2-26（b）中，$R > R_{ON}$，该输入端为高电平，$F_2 = \overline{A \cdot B}$。

【例 2-8】 图 2-27（a）中，CMOS 门电路驱动 TTL 门电路，已知 $V_{DD}=5V$。OD 门输出高电平时，$I_{OH} \leq 10\mu A$；输出低电平时，允许通过的最大负载电流为 $I_{Lmax} \leq 10mA$，假设输出 F 的

高、低电平分别为 $V_{OH} \geq 4V$，$V_{OL} \leq 0.4V$。负载 TTL 与非门 $G_1 \sim G_5$ 的输入特性曲线如图 2-27（b）所示。求：（1）F 的逻辑功能是什么？（2）R_L 的取值范围是多少？要求写出表达式。

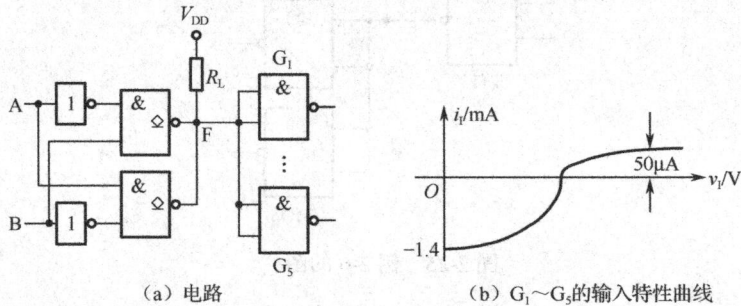

(a) 电路　　　　　　　　(b) $G_1 \sim G_5$ 的输入特性曲线

图 2-27　例 2-8 的图

解：（1）F 的逻辑函数表达式为

$$F = \overline{\overline{A}B} \cdot \overline{A\overline{B}} = \overline{\overline{A}B} + A\overline{B} = A \oplus B$$

（2）TTL 与非门无论有几个输入端并联在一起，总的低电平输入电流都等于一个输入端接低电平时的电流 I_{IL}。当输入高电平时，总的输入电流等于各个输入端电流之和。

当 OD 门输出高电平时：

$$R_{Lmax} = \frac{V_{DD} - V_{OH}}{2I_{OH} + 10I_{IH}} = \frac{5 - 4}{2 \times 10 \times 10^{-6} + 10 \times 50 \times 10^{-6}} \Omega = 1.92 k\Omega$$

当 OD 门输出低电平时：

$$R_{Lmin} = \frac{V_{DD} - V_{OL}}{I_{Lmax} - 5I_{IL}} = \frac{5 - 0.4}{10 \times 10^{-3} - 5 \times 1.4 \times 10^{-3}} \Omega = 1.53 k\Omega$$

因此 R_L 的取值范围为 1.53～1.92kΩ。

【例 2-9】已知图 2-28 所示电路中均采用 CMOS 门电路，判断 4 个电路能否正常工作。

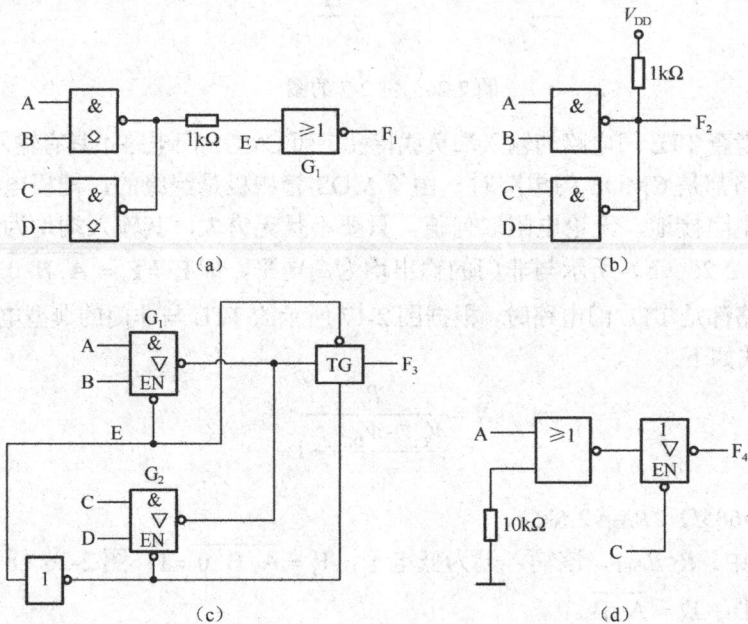

(a)　　　　　　　　(b)

(c)　　　　　　　　(d)

图 2-28　例 2-9 的图

解：本例均采用 CMOS 门电路。图 2-28（a）中，OD 门可以直接实现线与，但无上拉电阻和电源，无法正常工作。

图 2-28（b）中，CMOS 与非门不能线与，无法正常工作。

图 2-28（c）中，三态门可以直接线与，但必须满足任意时刻只有一个三态门工作的条件。E=0 时，G_1 工作，传输门导通，$F_3 = \overline{AB}$；E=1 时，G_2 工作，但此时传输门 TG 截止，F_3 无信号输出，故 $F_3 = \overline{E} \cdot \overline{AB}$。

图 2-28（d）中，C=0 时，$F_4 = A$；C=1 时，F_4 呈高阻态。

2.4 习题解答

2-1 在实际应用中，为避免外界干扰的影响，有时将与非门多余的输入端与输入信号输入端并联使用，这时对前级和与非门有无影响？

解：有影响。这将使前级拉电流负载随并联输入端数量的增加而成正比例增加。

2-2 在用或非门时，对多余输入端的处理方法同与非门的处理方法有什么区别？

解：对或非门，多余输入端一般接低电平，否则输出端将永远固定为低电平。而与非门的多余输入端必须接高电平。

2-3 用 CMOS 门电路实现逻辑函数表达式 $F = \overline{A+B+C}$，画出电路原理图。

解：CMOS 门电路原理图如图 2-29 所示。

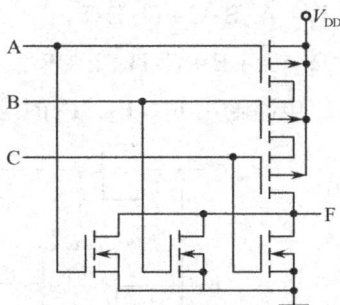

图 2-29 习题 2-3 的图

2-4 图 2-30 中，（a）、（b）和（c）三个逻辑电路的功能是否一样？分别写出 F_1、F_2 和 F_3 的逻辑函数表达式。

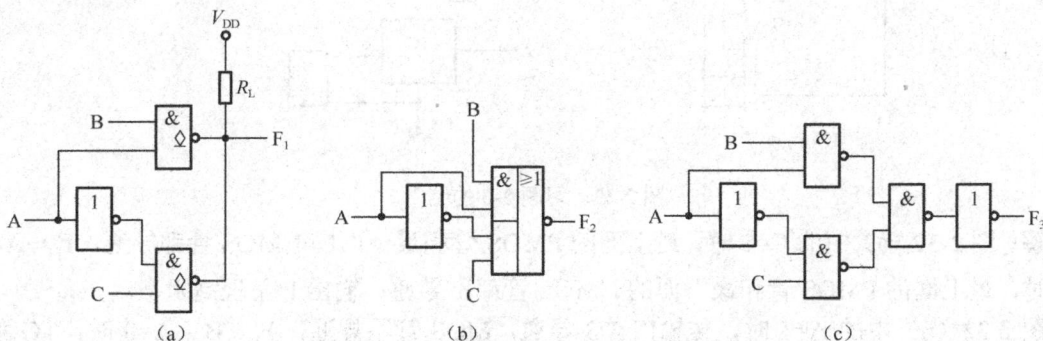

图 2-30 习题 2-4 的图

解：根据门电路的功能和 OD 门线与的特点，可以写出：

$$F_1 = \overline{\overline{AB} \cdot \overline{AC}} = \overline{\overline{AB} + \overline{AC}}$$

$$F_2 = \overline{\overline{AB} + \overline{AC}}$$

$$F_3 = \overline{\overline{AB} \cdot \overline{AC}} = \overline{\overline{AB} + \overline{AC}}$$

因为 $F_1 = F_2 = F_3$，说明三个电路的逻辑功能是一样的。

2-5 图 2-31 所示的逻辑门均为 CMOS 门电路，假设二极管是理想的。试分析各门电路的逻辑功能，写出输出 $F_1 \sim F_4$ 的逻辑函数表达式。

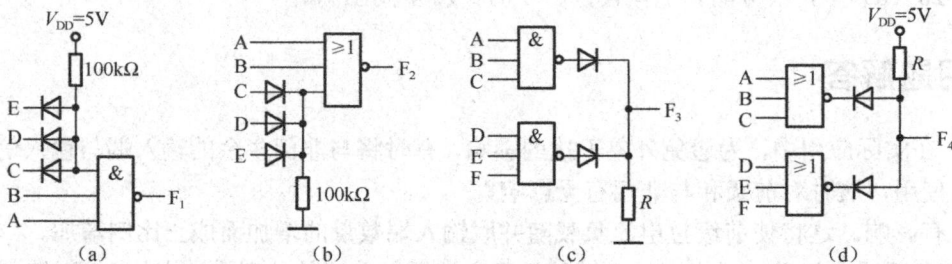

图 2-31 习题 2-5 的图

解： 由图 2-31 分别写出：

$$F_1 = \overline{A \cdot B \cdot C \cdot D \cdot E}$$

$$F_2 = \overline{A + B + C + D + E}$$

$$F_3 = \overline{\overline{A \cdot B \cdot C} + \overline{D \cdot E \cdot F}}$$

$$F_4 = \overline{\overline{A + B + C} \cdot \overline{D + E + F}}$$

2-6 写出图 2-32 中各 CMOS 门电路输出 F_1、F_2、F_3 的逻辑函数表达式。

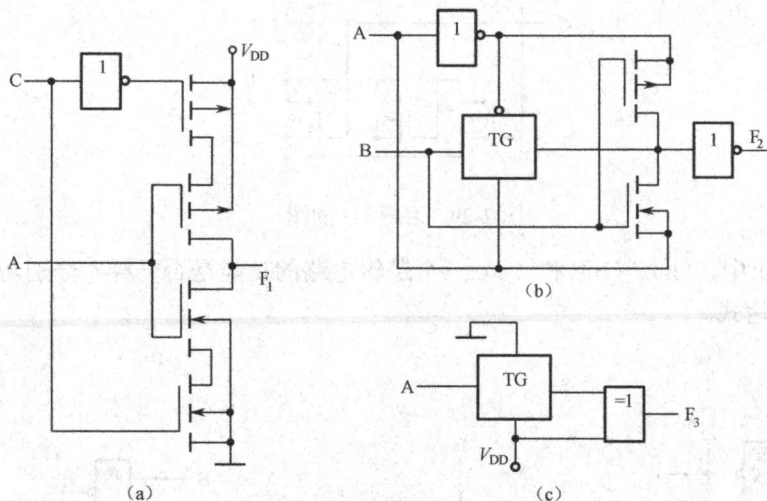

图 2-32 习题 2-6 的图

解： 图 2-32（a）中的 C=1 时，最上面的 PMOS 管和最下面的 NMOS 管都导通，$F_1 = \overline{A}$；C=0 时，最上面的 PMOS 管和最下面的 NMOS 管都不导通，输出 F 呈现高阻态。

图 2-32（b）中的 A=1 时，传输门 TG 导通，MOS 管不导通，$F_2 = \overline{B}$；A=0 时，TG 截止，MOS 管导通，MOS 管构成 CMOS 非门，此时 $F_2 = B$。

图 2-32（c）中的传输门 TG 始终导通，$F_3 = A \oplus 1 = \overline{A}$。

2-7 已知几种门电路及其输入 A、B 的波形如图 2-33（a）、（b）所示，试分别写出输出 $F_1 \sim F_5$ 的逻辑函数表达式，并画出它们的波形。

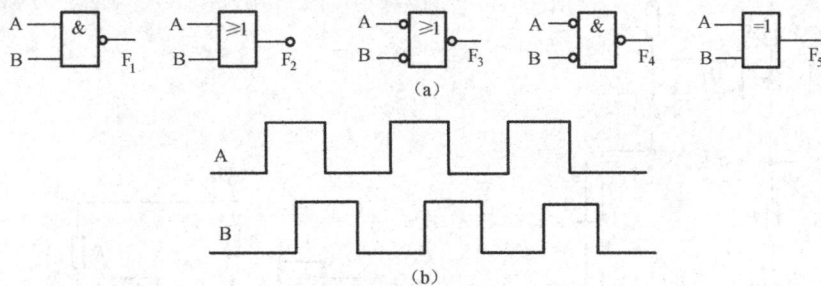

（a）

（b）

图 2-33　习题 2-7 的图 1

解： $F_1 = \overline{AB}$，有 0 为 1，全 1 为 0。

$F_2 = \overline{A+B}$，有 1 为 0，全 0 为 1。

$F_3 = \overline{\overline{A}+\overline{B}} = AB$，有 0 为 0，全 1 为 1。

$F_4 = \overline{\overline{A}\cdot\overline{B}} = A+B$，有 1 为 1，全 0 为 0。

$F_5 = A \oplus B = \overline{A}B + A\overline{B}$，相同为 0，不同为 1。

输出波形如图 2-34 所示。

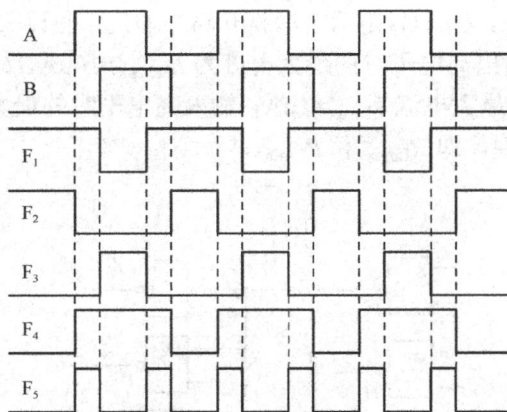

图 2-34　习题 2-7 的图 2

2-8　试说明下列各种门电路中哪些可以将输出端并联使用（输入端的状态不一定相同）：

（1）TTL 与非门；

（2）TTL 门电路的三态输出门；

（3）CMOS 门电路的 OD 门；

（4）CMOS 门电路的三态输出门。

解：（1）TTL 与非门不允许将输出端直接连在一起来实现线与。因为这些具有推拉式输出级的门电路，无论输出高电平还是输出低电平，其输出电阻都很小。若把两个 TTL 与非门输出端直接并联，当一个门的输出为高电平，而另一个门的输出为低电平时，会在电源和地之间形成一个低阻通路，如图 2-35 所示。在这个低阻通路中将产生一个很大电流，这个电流会抬高导通门的输出低电平，造成并联输出，既非 0 又非 1，破坏了逻辑关系，更会因功耗过大从而损坏截止门中的导通管 VT_4。

（2）、（3）、（4）门电路都可以将输出端并联使用。

2-9 分析图 2-36 所示电路的逻辑功能，并写出逻辑函数表达式。

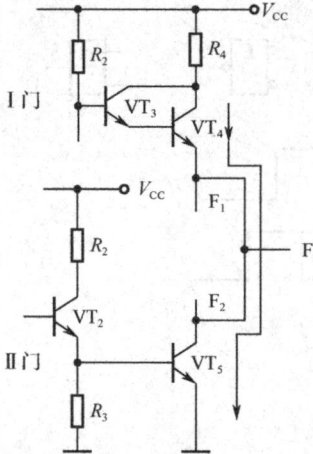

图 2-35 习题 2-8 的图

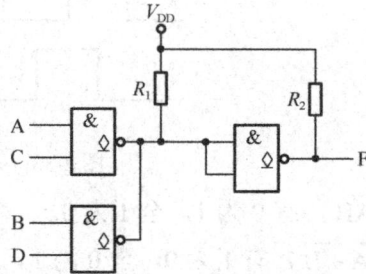

图 2-36 习题 2-9 的图

解：电路由两级 OD 门组成，逻辑函数表达式为

$$F = \overline{\overline{AC} \cdot \overline{BD}}$$

实现了逻辑或运算功能。

2-10 在图 2-37 电路中，G_1、G_2 是两个漏极开路与非门，假设每个门在输出低电平时的最大电流为 $I_{OLmax}=8mA$，输出高电平时的最大电流为 $I_{OHmax}=10\mu A$。$G_3 \sim G_6$ 是 4 个 CMOS 门电路，它们输入低电平时的最大电流 $I_{ILmax}=1\mu A$，输入高电平时的最大电流 $I_{IHmax}=1\mu A$，计算外接负载电阻 R_L 的取值范围，即 R_{Lmax} 和 R_{Lmin}。

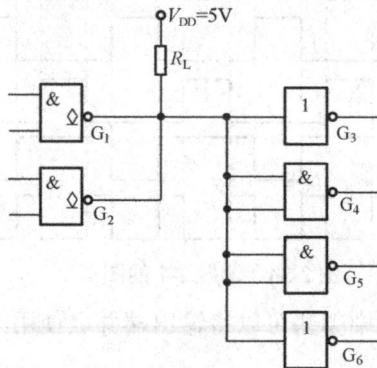

图 2-37 习题 2-10 的图

解：两个 OD 门中只要有一个输出为低电平，线与的结果就为低电平。此时的低电平不得高于 $V_{OLmax}=0.33V$，故：

$$R_{Lmin} = \frac{V_{DD} - V_{OLmax}}{I_{OLmax} - 6I_{ILmax}} = \frac{5 - 0.33}{8 \times 10^{-3} - 6 \times 1 \times 10^{-6}}\Omega = 0.58k\Omega$$

两个 OD 门的输出全为 1 时，线与的结果才为 1。输出高电平不得低于 $V_{OHmin}=4.4V$，为此：

$$R_{Lmax} = \frac{V_{DD} - V_{OHmin}}{2I_{OHmax} + 6I_{IHmax}} = \frac{5 - 4.4}{2 \times 10 \times 10^{-6} + 6 \times 1 \times 10^{-6}}\Omega = 23k\Omega$$

故 R_L 应在 0.58～23kΩ 范围内选取标称值。

2-11 根据图 2-38（a）中 TTL 与非门的电压传输特性曲线、输出特性曲线、输入特性曲线和输入端负载特性曲线，求图 2-38（b）中的 $v_{O1} \sim v_{O7}$。

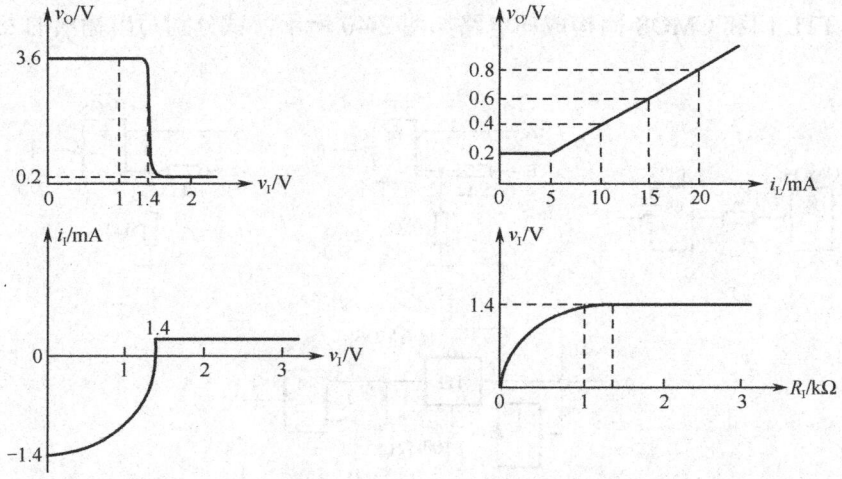

（a）TTL与非门的电压传输特性曲线、输出特性曲线、输入特性曲线和输入端负载特性曲线

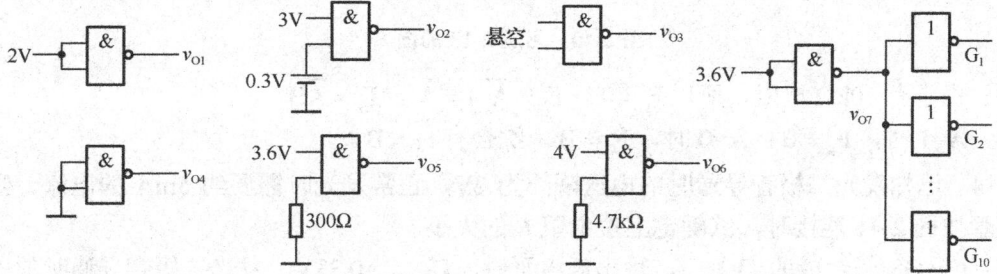

（b）TTL与非门的门电路

图 2-38 习题 2-11 的图

解：如图 2-38 所示，由电压传输特性曲线可以看出：V_{OH}=3.6V，V_{OL}=0.2V，阈值电压 V_T=1.4V。从输入特性曲线可以看出：$I_{IL} \approx -1.4$mA。从输入端负载特性曲线可以看出：R_I=1.4kΩ 时，V_I=1.4V。从输出特性曲线可以看出：v_O=0.8V 时，I_L=20mA；v_O=0.6V 时，I_L=15mA。据此，可写出：v_{O1}=0.2V，v_{O2}=3.6V，v_{O3}=0.2V，v_{O4}=3.6V，v_{O5}=3.6V，v_{O6}=0.2V，$v_{O7} \approx 0.6$V（$10 \times 1.4 \times 10^{-3}$A=14mA）。

2-12 写出图 2-39 中各逻辑电路的输出 F_1、F_2 的逻辑函数表达式。

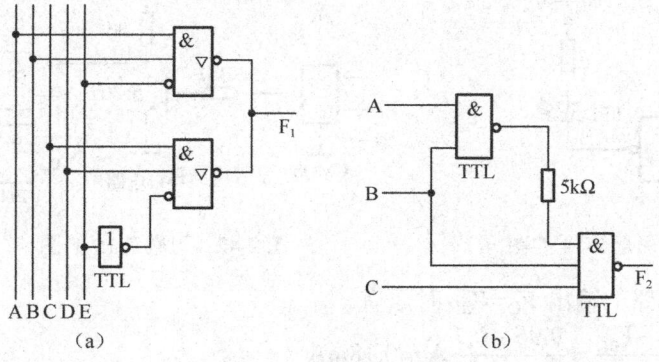

图 2-39 习题 2-12 的图

解: E=0 时，$F_1 = \overline{AB}$；E=1 时，$F_1 = \overline{CD}$。将两者合并起来，可写成 $F_1 = \overline{AB} \cdot \overline{E} + \overline{CD} \cdot E$。因有 5kΩ 的存在，所以 $F_2 = \overline{BC}$。

2-13　由 TTL 门和 CMOS 门构成的电路如图 2-40 所示，试分别写出输出的表达式或逻辑值。

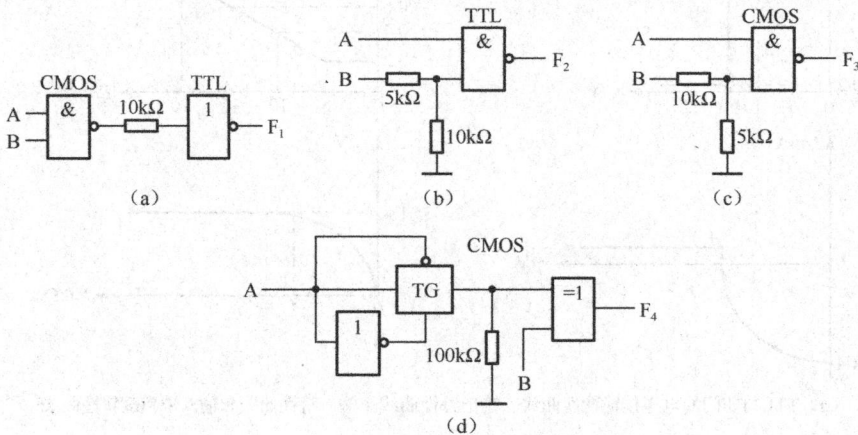

图 2-40　习题 2-13 的图

解: 由于有 10kΩ 电阻，所以 $F_1 = 0$。$F_2 = \overline{A \cdot 1} = \overline{A}$。$F_3 = \overline{AB}$。

A=1 时，$F_4 = B$；A=0 时，$F_4 = B$。综合有 $F_4 = B$。

2-14　已知发光二极管导通时的电压降约为 2V，正常发光时需要约 5mA 的电流。当发光二极管按图 2-41 连接时，试确定上拉电阻 R 的大小。

解: CMOS 管组成的 OD 门，输出低电平时，$V_{OLmax}=0.33V$，发光二极管导通时的电压降 $V_D=2V$，故：

$$R = \frac{V_{DD} - V_D - V_{OLmax}}{I_O} = \frac{5 - 2 - 0.33}{5 \times 10^{-3}} \Omega = 0.534k\Omega$$

2-15　计算图 2-42 电路中接口电路输出端 v_C 的高、低电平，并说明接口电路参数的选择是否合理。假设 CMOS 或非门的电源电压 $V_{DD}=10V$，空载输出的高、低电平分别为 $V_{OH}=9.95V$，$V_{OL}=0.05V$，门电路的输出电阻小于 200Ω。TTL 与非门输入高电平时的电流为 $I_{IH}=20\mu A$，输入低电平时的电流为 $I_{IL}=0.4mA$。

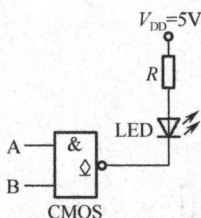

图 2-41　习题 2-14 的图　　　　图 2-42　习题 2-15 的图

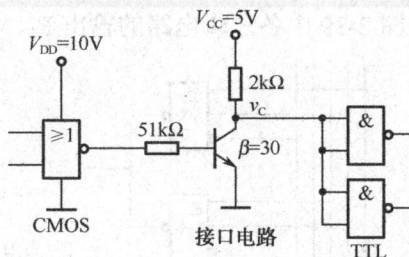

解: CMOS 门电路的输出 $V_O=V_{OH}$ 时，有

$$I_B = \frac{V_{OH} - V_{BE}}{R_b} = \frac{9.95 - 0.7}{51 \times 10^3} A = 0.18mA$$

$$I_{CS} = \frac{V_{CC} - V_{CES}}{R_c} + 2I_{IL} = \left(\frac{5-0.3}{2 \times 10^3} + 2 \times 0.4 \times 10^{-3} \right) A = 3.15 mA$$

$$I_{BS} = \frac{I_{CS}}{\beta} = \frac{3.15 \times 10^{-3}}{30} A = 0.105 mA$$

$I_B > I_{BS}$，保证三极管处于饱和状态。CMOS 门电路输出 $V_O = V_{OL} = 0.05V$ 时，三极管截止，TTL 门电路输入电压

$V_I = V_{IH} = V_{CC} - 4I_{IH}R_c = (5 - 4 \times 20 \times 10^{-6} \times 2 \times 10^3)V = 4.84V > V_{IHmin}$（约为 2.0V）

CMOS 门电路输出为 V_{OH} 时，电流可以提高 0.18mA，参数选择就是合理的。

第3章　组合逻辑电路

3.1　学习要点

数字电路分为组合逻辑电路（简称组合电路）和时序逻辑电路（简称时序电路），组合电路是本书重点掌握的内容之一。

1. 组合电路的特点

组合电路是实现某一逻辑功能而没有记忆特性的数字电路。其特点是电路任意时刻的稳态输出仅取决于该时刻的输入信号，而与电路原来的状态无关。

从电路结构上看，组合电路仅由门电路组成，电路中无记忆元件，输入、输出之间无反馈。这是组合电路区别于时序电路的结构特点。

2. 小规模集成门电路构成的组合电路的分析与设计

（1）分析方法

组合电路的分析就是根据给定的逻辑电路推导归纳出其逻辑功能。

其分析步骤如下。

① 写出输出的逻辑函数表达式：根据给定逻辑电路，由输入→输出，或者由输出→输入，逐级推导，写出输出的逻辑函数表达式。

② 化简逻辑函数表达式：根据需要，将逻辑函数表达式化简成最简式。

③ 列真值表：将各种可能的输入信号取值组合代入逻辑函数表达式，求出真值表，得出逻辑关系。

④ 确定逻辑功能：根据逻辑函数表达式或真值表判断电路的逻辑功能。

（2）设计方法

设计就是从给定的逻辑要求出发，画出逻辑图。

① 列真值表。

首先，确定所给实际逻辑问题的因果关系，将引起事件的原因确定为输入变量，将事件所产生的结果作为输出函数。其次，进行状态赋值，即用 0、1 表示输入和输出的逻辑状态，得到真值表。

注意，由于赋值不同，可能得到不同的真值表，所以可能得到不同的逻辑关系。应根据状态赋值去理解 0、1 的具体含义。列真值表时，不会出现或不允许出现的输入信号状态组合和输入变量取值组合可以不列出。如果列出，可在相应输出处标上"×"，以示区别，化简时可作为约束项处理。

② 由真值表写出逻辑函数表达式。

③ 对逻辑函数表达式进行化简或变换。

化简时可根据变量的具体情况，选择用公式法和图形法。

④ 按最简式画出逻辑图。

3. 典型的中规模集成组合电路

典型的组合电路有编码器、译码器、数据分配器、数据选择器、数值比较器、加法运算电路、奇偶校验电路、算术逻辑单元等。它们是各自具有特殊逻辑功能的组合电路，对其进行分析、设计的方法与一般组合电路相同。要想灵活应用这些组合电路，关键是掌握它们的逻辑功能。

（1）编码器

编码器把输入的每个高、低电平译成一组二进制代码，包括普通编码器和优先编码器。在普通编码器中，任意一个时刻只允许输入一个信号，否则会发生混乱；优先编码器允许输入两个以上的信号，但它只对其中优先级最高的进行编码，常用的编码器有 8-3 线优先编码器 74HC148。

① 二进制编码器。用 n 位二进制代码对 $N=2^n$ 个一般信号进行编码的电路，称为二进制编码器。

② 二-十进制编码器。将十进制数的 10 个数字 0～9 编成二进制代码的电路，称为二-十进制编码器。

③ 优先编码器。优先编码器允许同时在几个输入端加入有效信号，但电路只对其中优先级最高的输入信号进行编码，而不理睬优先级低的信号。输入信号的优先级需要预先定义。74HC148 是具有使能输入和使能输出功能的 8-3 线优先编码器，其功能见表 3-1。74HC148 的编码输入和编码输出均为低电平有效，$\bar{I}_0 \sim \bar{I}_7$ 为编码输入，其中 $\bar{I}_7$ 的优先级最高，$\bar{I}_0$ 的优先级最低；$\bar{A}_2$、$\bar{A}_1$、$\bar{A}_0$ 为编码输出；$\bar{I}_S$ 为选通输入；$\bar{S}$ 为选通输出；$\bar{E}$ 为扩展端。

表 3-1   74HC148 的功能表

输　入									输　出				
$\bar{I}_S$	$\bar{I}_0$	$\bar{I}_1$	$\bar{I}_2$	$\bar{I}_3$	$\bar{I}_4$	$\bar{I}_5$	$\bar{I}_6$	$\bar{I}_7$	$\bar{A}_2$	$\bar{A}_1$	$\bar{A}_0$	$\bar{E}$	$\bar{S}$
1	×	×	×	×	×	×	×	×	1	1	1	1	1
0	1	1	1	1	1	1	1	1	1	1	1	1	0
0	×	×	×	×	×	×	×	0	0	0	0	0	1
0	×	×	×	×	×	×	0	1	0	0	1	0	1
0	×	×	×	×	×	0	1	1	0	1	0	0	1
0	×	×	×	×	0	1	1	1	0	1	1	0	1
0	×	×	×	0	1	1	1	1	1	0	0	0	1
0	×	×	0	1	1	1	1	1	1	0	1	0	1
0	×	0	1	1	1	1	1	1	1	1	0	0	1
0	0	1	1	1	1	1	1	1	1	1	1	0	1

（2）译码器

译码器将每个输入的二进制代码译成对应的输出高、低电平信号，主要有二进制译码器、二-十进制译码器、显示译码器三类。

① 二进制译码器。把二进制代码的各种状态按照其原意翻译成对应输出信号的电路，称为二进制译码器。二进制译码器中，如果输入的二进制代码有 n 位，就有 2^n 个输出信号，每

个输出信号都对应了输入的二进制代码的一种状态。这种译码器有时又称为变量译码器，因为它可以译出输入变量的全部状态。采用二进制译码器可以实现多输入、多输出的逻辑函数。常用的二进制译码器为74HC138。

74HC138 是 3-8 线译码器，A_2、A_1 和 A_0 为 3 位二进制代码输入端，$\overline{F}_0 \sim \overline{F}_7$ 为 8 个译码输出端，S_1、$\overline{S}_2$ 和 $\overline{S}_3$ 为 3 个使能输入端。只有当 $S_1=1$，$\overline{S}_2=\overline{S}_3=0$ 时，译码器才处于工作状态；否则，译码器被禁止，所有输出均为高电平。表 3-2 为 74HC138 的真值表。

表 3-2 74HC138 的真值表

使能输入		代码输入			译码输出							
S_1	$\overline{S}_2+\overline{S}_3$	A_2	A_1	A_0	$\overline{F}_0$	$\overline{F}_1$	$\overline{F}_2$	$\overline{F}_3$	$\overline{F}_4$	$\overline{F}_5$	$\overline{F}_6$	$\overline{F}_7$
0	×	×	×	×	1	1	1	1	1	1	1	1
×	1	×	×	×	1	1	1	1	1	1	1	1
1	0	0	0	0	0	1	1	1	1	1	1	1
1	0	0	0	1	1	0	1	1	1	1	1	1
1	0	0	1	0	1	1	0	1	1	1	1	1
1	0	0	1	1	1	1	1	0	1	1	1	1
1	0	1	0	0	1	1	1	1	0	1	1	1
1	0	1	0	1	1	1	1	1	1	0	1	1
1	0	1	1	0	1	1	1	1	1	1	0	1
1	0	1	1	1	1	1	1	1	1	1	1	0

在 $S_1=1$，$\overline{S}_2=\overline{S}_3=0$ 时，74HC138 各输出的逻辑函数表达式如下：

$$\overline{F}_0=\overline{\overline{A}_2\cdot\overline{A}_1\cdot\overline{A}_0}，\quad \overline{F}_1=\overline{\overline{A}_2\cdot\overline{A}_1\cdot A_0}，\quad \overline{F}_2=\overline{\overline{A}_2\cdot A_1\cdot\overline{A}_0}，\quad \overline{F}_3=\overline{\overline{A}_2\cdot A_1\cdot A_0}$$

$$\overline{F}_4=\overline{A_2\cdot\overline{A}_1\cdot\overline{A}_0}，\quad \overline{F}_5=\overline{A_2\cdot\overline{A}_1\cdot A_0}，\quad \overline{F}_6=\overline{A_2\cdot A_1\cdot\overline{A}_0}，\quad \overline{F}_7=\overline{A_2\cdot A_1\cdot A_0}$$

② 二-十进制译码器有很多种，其输入为一组 BCD 码，输出为一组高、低电平信号。按其输入、输出线数又称为 4-10 线译码器。常用的有 CMOS 二-十进制译码器 CC4028。

③ 由于各种工作方式的显示器件对译码器的要求各不相同，故需根据不同的显示器件确定显示译码器。共阴极数码管需要由输出高电平有效的译码器去驱动，而共阳极数码管则需要由输出低电平有效的译码器去驱动。7447 为驱动共阳极七段发光二极管的显示译码器，其功能表见表 3-3。

（3）数据分配器和数据选择器

① 数据分配器又称多路解调器，其功能是将一路数据根据需要送到被指定的输出通道中。数据分配器是一个多输出的逻辑电路。数据分配器的产品较少，一般用带有使能端的最小项译码器来实现。

② 数据选择器又叫多路开关，其功能是在地址选择信号的控制下，从多路数据中选择一路作为输出信号，有四选一和八选一等不同类型的数据选择器。典型的数据选择器有双四选一数据选择器 74HC153、八选一数据选择器 74HC151。以 74HC151 为例，$D_7 \sim D_0$ 为数据输入端，F 为数据输出端，$A_2 \sim A_0$ 为地址选择输入端。$\overline{E}$ 为允许输入端，当 $\overline{E}=0$ 时，数据选择器正常工作。表 3-4 列出了 74HC151 的功能。

表 3-3 7447 的功能表

输入							输出							数字符号
$\overline{LT}$	$\overline{RBI}$	A_3	A_2	A_1	A_0	$\overline{BI}/\overline{RBO}$	$\overline{a}$	$\overline{b}$	$\overline{c}$	$\overline{d}$	$\overline{e}$	$\overline{f}$	$\overline{g}$	
1	1	0	0	0	0	1	0	0	0	0	0	0	1	0
1	×	0	0	0	1	1	1	0	0	1	1	1	1	1
1	×	0	0	1	0	1	0	0	1	0	0	1	0	2
1	×	0	0	1	1	1	0	0	0	0	1	1	0	3
1	×	0	1	0	0	1	1	0	0	1	1	0	0	4
1	×	0	1	0	1	1	0	1	0	0	1	0	0	5
1	×	0	1	1	0	1	1	1	0	0	0	0	0	6
1	×	0	1	1	1	1	0	0	0	1	1	1	1	7
1	×	1	0	0	0	1	0	0	0	0	0	0	0	8
1	×	1	0	0	1	1	0	0	0	1	1	0	0	9
×	×	×	×	×	×	0	1	1	1	1	1	1	1	熄灭
1	0	0	0	0	0	0	1	1	1	1	1	1	1	熄灭
0	×	×	×	×	×	1	0	0	0	0	0	0	0	8

表 3-4 74HC151 的功能表

输入				输出		输入				输出	
$\overline{E}$	A_2	A_1	A_0	F	$\overline{F}$	$\overline{E}$	A_2	A_1	A_0	F	$\overline{F}$
1	×	×	×	0	1	0	1	0	0	D_4	$\overline{D_4}$
0	0	0	0	D_0	$\overline{D_0}$	0	1	0	1	D_5	$\overline{D_5}$
0	0	0	1	D_1	$\overline{D_1}$	0	1	1	0	D_6	$\overline{D_6}$
0	0	1	0	D_2	$\overline{D_2}$	0	1	1	1	D_7	$\overline{D_7}$
0	0	1	1	D_3	$\overline{D_3}$						

数据选择器的输出可以写成与或表达式。

四选一逻辑函数表达式：$F = \overline{A}_1\overline{A}_0 D_0 + \overline{A}_1 A_0 D_1 + A_1\overline{A}_0 D_2 + A_1 A_0 D_3$

八选一逻辑函数表达式：

$$F = \overline{A}_2\overline{A}_1\overline{A}_0 D_0 + \overline{A}_2\overline{A}_1 A_0 D_1 + \overline{A}_2 A_1\overline{A}_0 D_2 + \overline{A}_2 A_1 A_0 D_3 +$$
$$A_2\overline{A}_1\overline{A}_0 D_4 + A_2\overline{A}_1 A_0 D_5 + A_2 A_1\overline{A}_0 D_6 + A_2 A_1 A_0 D_7$$

一般来说，单输出组合电路都可以用数据选择器来实现。用数据选择器实现逻辑函数：具有 n 位地址输入的数据选择器可以实现输入变量数不大于 $n+1$ 的任意逻辑函数，只需将 n 个输入变量作为地址输入，再令数据选择器的数据输入端连接另一个输入变量的合适状态（包括 0、1、原变量、反变量）。如果输入变量数大于 $n+1$，则需要再附加其他的门电路才能实现逻辑函数。

（4）数值比较器

数值比较器是用来比较两个二进制数的大小或者是否相等的电路。常用的中规模 4 位数值比较器为 7485，其功能见表 3-5。

表 3-5 7485 的功能表

比 较 输 入				级 联 输 入			输　出		
A_3　B_3	A_2　B_2	A_1　B_1	A_0　B_0	(a>b)	(a<b)	(a=b)	(A>B)	(A<B)	(A=B)
① $\begin{cases} A_3 > B_3 \\ A_3 < B_3 \end{cases}$	× × × ×	× × × ×	× × × ×	× ×	× ×	× ×	1 0	0 1	0 0
② $\begin{cases} A_3=B_3 \\ A_3=B_3 \\ A_3=B_3 \\ A_3=B_3 \\ A_3=B_3 \\ A_3=B_3 \end{cases}$	$A_2 > B_2$ $A_2 < B_2$ $A_2 = B_2$ $A_2 = B_2$ $A_2 = B_2$ $A_2 = B_2$	× × × × $A_1 > B_1$ $A_1 < B_1$ $A_1 = B_1$ $A_1 = B_1$	× × × × × × × × $A_0 > B_0$ $A_0 < B_0$	× × × × × ×	× × × × × ×	× × × × × ×	1 0 1 0 1 0	0 1 0 1 0 1	0 0 0 0 0 0
③ $\begin{cases} A_3 = B_3 \\ A_3 = B_3 \\ A_3 = B_3 \end{cases}$	$A_2 = B_2$ $A_2 = B_2$ $A_2 = B_2$	$A_1 = B_1$ $A_1 = B_1$ $A_1 = B_1$	$A_0 = B_0$ $A_0 = B_0$ $A_0 = B_0$	1 0 0	0 1 0	0 0 1	1 0 0	0 1 0	0 0 1

（5）加法运算电路

① 半加器

半加器是指不考虑低位产生的进位，只考虑两个 1 位二进制数相加的运算电路。半加器的真值表见表 3-6。

表 3-6 半加器的真值表

A_i	B_i	S_i	C_{i+1}
0	0	0	0
0	1	1	0
1	0	1	0
1	1	0	1

半加器的逻辑函数表达式：

$$S_i = A_i \oplus B_i, \quad C_{i+1} = A_i B_i$$

② 全加器

在实现两个 1 位二进制数相加的同时，再加上来自低位的进位信号，这种电路称为全加器（Full Adder）。假设两个数据输入分别为 A_i 和 B_i，进位输入为 C_i，进位输出分别为 S_i 和 C_{i+1}，其真值表见表 3-7。

表 3-7 1 位全加器的真值表

输　　入			输　　出	
A_i	B_i	C_i	S_i	C_{i+1}
0	0	0	0	0
0	0	1	1	0
0	1	0	1	0
0	1	1	0	1
1	0	0	1	0
1	0	1	0	1
1	1	0	0	1
1	1	1	1	1

全加器的逻辑函数表达式:

$$S_i = A_i \oplus B_i \oplus C_i, \quad C_{i+1} = A_i B_i + C_i (A_i \oplus B_i)$$

③ 加法器

实现多位二进制数加法运算的电路称为加法器,分为串行加法器和并行加法器。

串行加法器从二进制数的最低位开始逐位相加至最高位,最后得出和数,即采用串行运算方式。串行加法器的缺点是运算速度慢。

并行加法器采用并行运算方式,即两个数各位同时相加,其运算速度快。

并行加法器按进位方式又可分为串行进位并行加法器和超前进位并行加法器两种。

中规模 4 位超前进位加法器 74HC283 由 4 个全加器和超前进位电路组成。

74HC283 中全加器的进位信号的逻辑函数表达式可以写成:

$$C_{i+1} = A_i B_i + (A_i + B_i) C_i$$

式中, A_i 和 B_i 为全加器的数据输入, C_i 为进位输入, C_{i+1} 为进位输出, i 取值为 0～3。

根据全加器可知 74HC283 各位和数的逻辑函数表达式如下:

$$S_0 = A_0 \oplus B_0 \oplus C_0, \quad S_1 = A_1 \oplus B_1 \oplus C_1, \quad S_2 = A_2 \oplus B_2 \oplus C_2, \quad S_3 = A_3 \oplus B_3 \oplus C_3$$

(6) 奇偶校验电路

奇偶校验的基本原理就是除了待发送的有效数据位(信息码),再增加 1 位奇偶校验位,构成传输码。校验位的加入,使传输码中 1 的个数可以是奇数(奇校验),也可以是偶数(偶校验)。在接收端,通过检查接收到的传输码中 1 的个数的奇偶性,就可以判断传输过程中是否出现了错误。

74180 既可作为奇偶发生器,也可作为奇偶校验器。表 3-8 是 74180 的功能表。表中,A～H 是 8 位信息码的输入端, S_E 和 S_{OD} 是奇偶控制端, W_{OD} 是奇校验位输出端, W_E 是偶校验位输出端。

表 3-8   74180 的功能表

输入			输出	
A～H 中 1 的个数	S_E	S_{OD}	W_E	W_{OD}
偶数	1	0	1	0
奇数	1	0	0	1
偶数	0	1	0	1
奇数	0	1	1	0
×	1	1	0	0
×	0	0	1	1

(7) 算术逻辑单元

算术逻辑单元不仅能做加法、减法等算术运算,而且也能实现与、与非、或、或非、异或、数码比较等逻辑运算。集成算术逻辑单元 74HC181 具有 16 种逻辑运算功能和 16 种算术运算功能,其功能见表 3-9。C_{-1} 是来自低位的进位输入。M 为逻辑/算术运算控制端, $S_3 \sim S_0$ 为操作选择端。

4. 中规模集成电路构成的组合电路的分析和设计

(1) 中规模集成电路构成的组合电路的分析

常用中规模集成电路(MSI)构成的组合电路的分析方法与小规模集成电路构成的组合电路的方法相似。只有熟记常用 MSI 产品的功能,才能正确分析出 MSI 产品实现的组合电路的功能。

表 3-9　74HC181 的功能表（正逻辑）

操 作 选 择				运 算 功 能		
				M=1，	M=0，算术运算	
				逻辑运算	$\bar{C}_{-1}=1$（无进位）	$\bar{C}_{-1}=0$（有进位）
S_3	S_2	S_1	S_0			
0	0	0	0	$F=\bar{A}$	$F=A$	$F=A$ 加 1
0	0	0	1	$F=\overline{A+B}$	$F=A+B$	$F=(A+B)$ 加 1
0	0	1	0	$F=\bar{A}\cdot B$	$F=A+\bar{B}$	$F=(A+\bar{B})$ 加 1
0	0	1	1	$F=0$	$F=$ 减 1	$F=0$
0	1	0	0	$F=\overline{A\cdot B}$	$F=A$ 加 $A\cdot\bar{B}$	$F=A$ 加 $A\cdot\bar{B}$ 加 1
0	1	0	1	$F=\bar{B}$	$F=(A+B)$加 $A\cdot\bar{B}$	$F=(A+B)$加 $A\cdot\bar{B}$ 加 1
0	1	1	0	$F=A\oplus B$	$F=A$ 减 B 减 1	$F=A$ 减 B
0	1	1	1	$F=A\cdot\bar{B}$	$F=A\cdot\bar{B}$ 减 1	$F=A\cdot\bar{B}$
1	0	0	0	$F=\bar{A}+B$	$F=A$ 加 $A\cdot B$	$F=A$ 加 $A\cdot B$ 加 1
1	0	0	1	$F=\overline{A\oplus B}$	$F=A$ 加 B	$F=A$ 加 B 加 1
1	0	1	0	$F=B$	$F=(A+\bar{B})$加 $A\cdot B$	$F=(A+\bar{B})$加 $A\cdot B$ 加 1
1	0	1	1	$F=A\cdot B$	$F=A\cdot B$ 减 1	$F=A\cdot B$
1	1	0	0	$F=1$	$F=A$ 加 A（相当于 A 乘以 2）	$F=A$ 加 A 加 1
1	1	0	1	$F=A+\bar{B}$	$F=(A+B)$加 A	$F(A+B)$加 A 加 1
1	1	1	0	$F=A+B$	$F=(A+\bar{B})$加 A	$F=(A+\bar{B})$加 A 加 1
1	1	1	1	$F=A$	$F=A$ 减 1	$F=A$

（2）中规模集成电路构成的组合电路的设计

用标准的 MSI 产品实现组合电路，不仅可以缩小电路的体积，减少连线，提高电路的可靠性，而且可使工作量大大减少。

一般来说，译码器可以实现多输出的组合逻辑函数。

用 MSI 产品设计组合电路按以下步骤进行。

① 列真值表。

② 写逻辑函数表达式。

③ 将逻辑函数表达式变换成与所用 MSI 产品逻辑函数表达式相似的形式。

④ 用 MSI 产品设计组合电路的基本方法是比较法，可以比较逻辑函数表达式或真值表。比较时可能出现以下 4 种情况。

i）组合电路的逻辑函数表达式与某 MSI 产品的逻辑函数表达式一样，选用该 MSI 产品效果最好。

ii）组合电路的逻辑函数表达式是某 MSI 产品的逻辑函数表达式的一部分，对多出的输入变量和乘积项进行适当处理（接 1 或接 0），即可得到所需组合电路的逻辑函数。或者用多片 MSI 产品和少量的逻辑门进行扩展得到组合电路。

iii）要实现多输入、单输出的组合电路，选用数据选择器较方便；要实现多输入、多输出的组合电路，选用译码器和逻辑门较好。

iv）若组合电路的逻辑函数表达式与 MSI 产品的逻辑函数表达式相同之处较少，不宜选用。

⑤ 根据对比结果画出逻辑图。

5. 组合电路中的竞争-冒险

组合电路中，两个输入信号同时向相反方向跳变，称为竞争。由于竞争，可能在电路输出端产生尖峰脉冲的现象，称为竞争-冒险。

判断方法：在输入变量一次只有一个状态改变时，可以通过逻辑函数表达式判别是否存在竞争-冒险现象，如果输出端的逻辑函数表达式在一定条件下可以化成 $Y=A+\overline{A}$ 或 $Y=A\cdot\overline{A}$ 的形式，则可判断存在竞争-冒险现象。

消除方法如下。

① 接入滤波电容。由于竞争-冒险产生的尖峰脉冲都很窄，所以只要在输出端并接一个很小的滤波电容，就足以将尖峰脉冲的幅值削弱到门电路的阈值电压以下。但这种方法会增加输出波形的上升和下降时间，使输出波形变坏。

② 引入选通脉冲。在电路达到稳定状态之后再允许输出，这样就不会出现尖峰脉冲。

③ 修改逻辑设计。在逻辑函数表达式中增加冗余项，可以消除某些竞争-冒险现象，但这种方法的使用范围是有限的。

6. 可编程逻辑器件

可编程逻辑器件（Programmable Logic Device，PLD）泛指用户可以编程的器件。PROM、EPROM 属于可编程逻辑器件。可编程逻辑器件分为可编程逻辑阵列（Programmable Logic Array，PLA）、可编程阵列逻辑（Programmable Array Logic，PAL）、通用阵列逻辑（General Array Logic，GAL）、现场可编程门阵列（Field Programmable Gate Array，FPGA）等器件。

（1）PLD 阵列交叉点的逻辑表示

PLD 阵列交叉点的连接方式有 3 种，如图 3-1 所示。

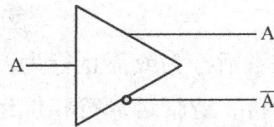

（2）基本逻辑单元的逻辑表示

PLD 中的输入缓冲器和反馈缓冲器都采用互补输出结构，如图 3-2 所示。

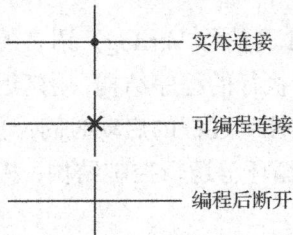

图 3-1　PLD 阵列交叉点的连接方式　　图 3-2　缓冲器互补输出结构

与门和或门是 PLD 中的基本门电路。图 3-3 所示为三输入与门的传统表示法和 PLD 表示法。习惯上把输入变量称为输入项，把与门输出称为乘积项。图 3-4 所示为三输入或门的传统表示法和 PLD 表示法。

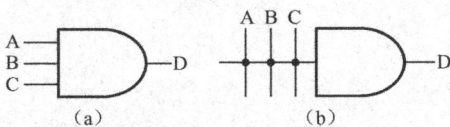

图 3-3　三输入与门　　　　　　　　　图 3-4　三输入或门

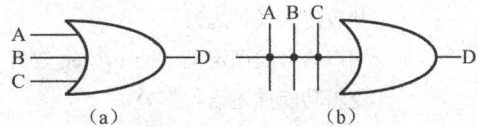

（3）与门的默认和"悬浮"状态

图 3-5 所示为与门的两种特殊情况，表 3-10 是对应的真值表。

由图 3-5 可以看出 $D = A \cdot \overline{A} \cdot B \cdot \overline{B} = 0$。这种输入项全接通，乘积项恒为 0 的状态称为与门的默认状态。可以在与门符号中画"×"，代表各输入项全接通的情况。图中，$E = A \cdot \overline{A} \cdot B \cdot \overline{B} = 0$。输出为 F 的与门，输入交叉点处无"×"，其输入项全未接通，此时，与门所有的输入端都处于"悬浮"的 1 状态，输出 F 恒为 1。

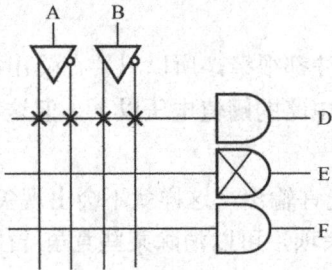

图 3-5　与门的两种特殊情况

表 3-10　图 3-5 的真值表

输　入		输　出		
A	B	D	E	F
0	0	0	0	1
0	1	0	0	1
1	0	0	0	1
1	1	0	0	1

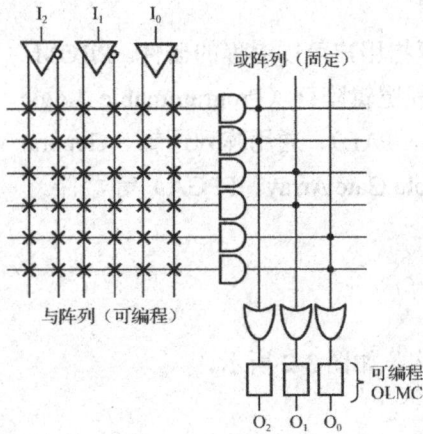

图 3-6　GAL 的基本结构

（4）通用阵列逻辑（GAL）

GAL 的基本结构如图 3-6 所示，它由可编程的与阵列、不可编程（固定）的或阵列、可编程的输出电路——输出逻辑宏单元（Output Logic Macro Cell，OLMC）三部分组成。GAL 的输出结构是用户可以定义的，也就是说，用户可以通过编程得到所需的输出结构。GAL 采用了 EECMOS 工艺，数秒之内即可完成芯片的擦除和编程操作，并可以反复改写。

7. Verilog HDL 语言

Verilog HDL（简称 Verilog）语言的特点：可描述顺序执行或并行执行的程序结构；用延迟表达式或事件表达式来明确地控制过程的启动时间；通过命令的事件来触发其他过程的激活行为或停止行为；提供了条件/循环等逻辑控制结构；提供了用于建立表达式的算术运算符、逻辑运算符和位运算符等。

（1）基本程序结构

Verilog 语言描述电路的基本单元是模块（module），一个模块由端口说明和逻辑功能描述两部分组成。格式如下：

module　模块名（端口名 1，端口名 2，…）；
　　　端口模式说明（input，output，inout）；
　　　参数定义（可选）；
　　　端口信号类型定义（wire，reg 等）；
　　　逻辑功能描述语句部分；
endmodule

（2）数据类型

Verilog 语言最基本的数据类型有 integer 型、parameter 型、reg 型、wire 型等，如图 3-7 所示。

数据类型

- **数据类型**
  - **wire型**
    - 可理解为线，起连接、传递数字信号的作用，是用assign指定的组合逻辑信号，可入可出
    - wire [9:0] a, b, c; 表示a，b，c都是位宽为10的wire型信号
    - wire d; 表示单个wire型信号
  - **reg型**
    - 数据存储单元的抽象，通过赋值语句可设置其值，其作用相当于改变触发器、存储器的值
    - always块内被赋值的信号都必须为reg型变量
    - reg [9:0] a, b, c; 表示a，b，c都是10位宽的寄存器
  - **integer型**
    - 定义与reg型变量相同，多用于表示循环变量
    - integer型变量不能作为位变量访问
  - **parameter型**
    - 用来定义常量，这么做的好处是可以提高程序的可读性及可维护性
    - parameter 参数名1=表达式, 参数名2=表达式, … ;

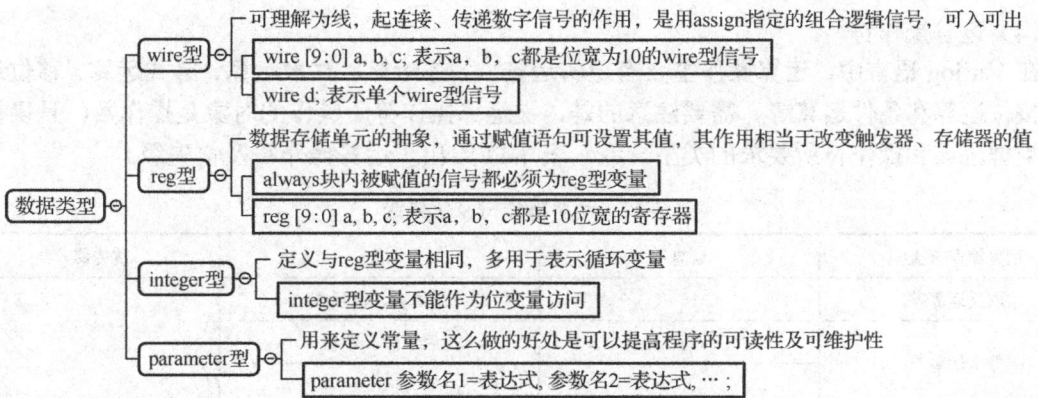

图 3-7 数据类型

（3）常用语句

常用语句包括块语句、结构说明语句、赋值语句、条件语句、循环语句等，如图 3-8 所示。

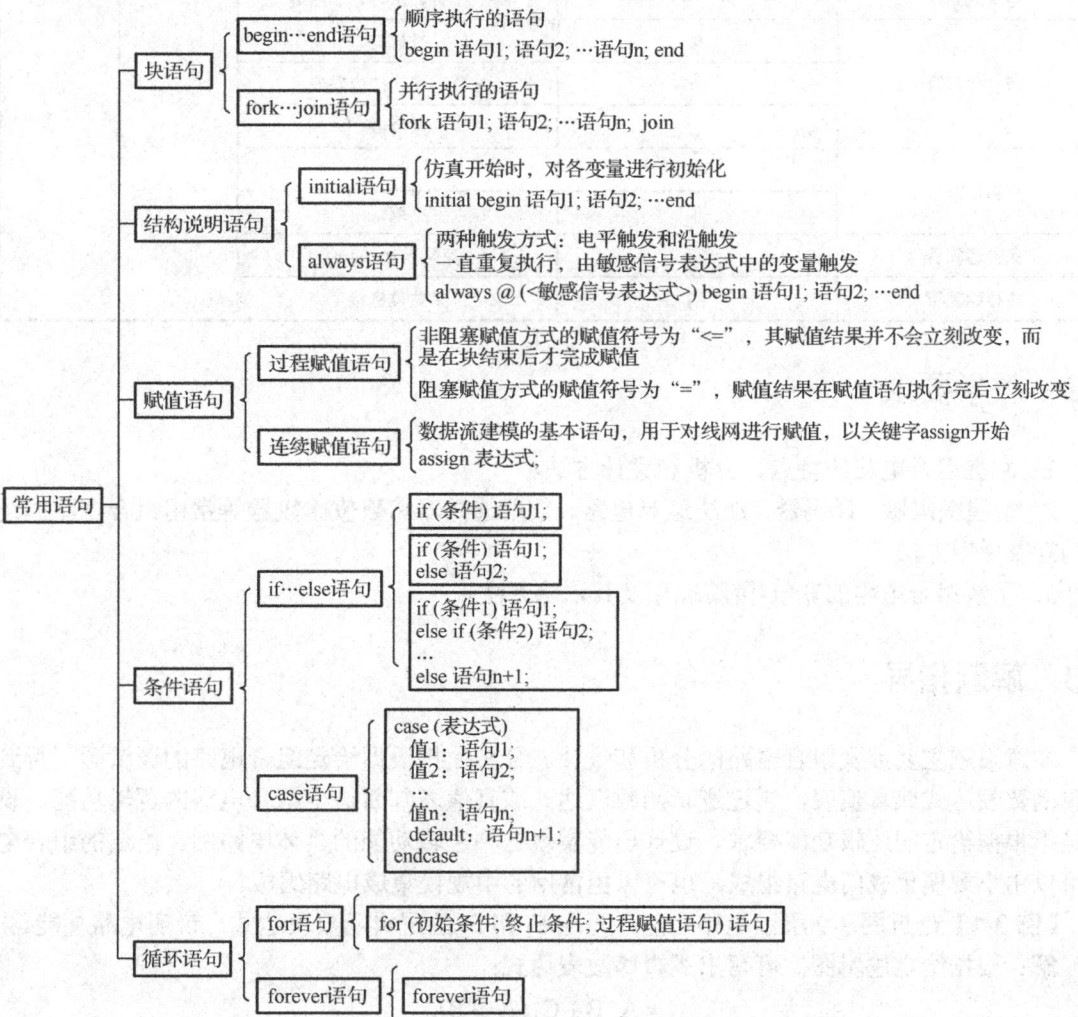

- **常用语句**
  - **块语句**
    - **begin…end语句**
      - 顺序执行的语句
      - begin 语句1; 语句2; …语句n; end
    - **fork…join语句**
      - 并行执行的语句
      - fork 语句1; 语句2; …语句n; join
  - **结构说明语句**
    - **initial语句**
      - 仿真开始时，对各变量进行初始化
      - initial begin 语句1; 语句2; …end
    - **always语句**
      - 两种触发方式：电平触发和沿触发
      - 一直重复执行，由敏感信号表达式中的变量触发
      - always @ (<敏感信号表达式>) begin 语句1; 语句2; …end
  - **赋值语句**
    - **过程赋值语句**
      - 非阻塞赋值方式的赋值符号为"<="，其赋值结果并不会立刻改变，而是在块结束后才完成赋值
      - 阻塞赋值方式的赋值符号为"="，赋值结果在赋值语句执行完后立刻改变
    - **连续赋值语句**
      - 数据流建模的基本语句，用于对线网进行赋值，以关键字assign开始
      - assign 表达式;
  - **条件语句**
    - **if…else语句**
      - if (条件) 语句1;
      - if (条件) 语句1;
        else 语句2;
      - if (条件1) 语句1;
        else if (条件2) 语句2;
        …
        else 语句n+1;
    - **case语句**
      - case (表达式)
        值1：语句1;
        值2：语句2;
        …
        值n：语句n;
        default：语句n+1;
        endcase
  - **循环语句**
    - **for语句**
      - for (初始条件; 终止条件; 过程赋值语句) 语句
    - **forever语句**
      - forever语句

图 3-8 常用语句

（4）运算操作符

在 Verilog 语言中，运算操作主要有逻辑运算、关系运算、算术运算、等式运算、移位运算、按位运算和条件运算等。需要注意的是，被运算操作符所操作的对象是操作数，且操作数的类型应该和操作符所要求的类型一致。表 3-11 给出了运算操作符及优先级。

表 3-11　运算操作符及优先级

运算操作符类型	运算符	功能	优先级
取反运算符	!、~	反逻辑、位反相	高
算术运算符	*、/、%	乘、除、取模	
	+、−	加、减	
移位运算符	<<、>>	左移、右移	
关系运算符	<、<=、>、>=	小于、小于或等于、大于、大于或等于	
等式运算符	==、!=、===、!==	等、不等、全等、非全等	
按位运算符	&	按位与	
	^、~	按位异或、按位同或	
	|	按位或	
逻辑运算符	&&	与	
	||	或	
条件运算符	?:	等同于 if…else	
拼接运算符	{}	某些位拼接	低

3.2　教学要求

1. 掌握组合电路的特点、分析和设计方法。
2. 掌握编码器、译码器、加法运算电路、数据选择器和数值比较器等常用组合电路的逻辑功能及使用方法。
3. 了解组合电路的竞争-冒险现象及其消除方法。

3.3　解题指导

本章习题主要涉及组合电路的分析和设计。分析是指根据给定组合电路的逻辑图，得到逻辑函数表达式或真值表，通过逻辑函数表达式或真值表判断给定组合电路的逻辑功能。设计是指根据给定的逻辑功能要求，设计出能实现这种逻辑功能的具体电路图。给定的组合电路可以由小规模集成门电路组成，也可以由常用的中规模集成电路组成。

【例 3-1】分析图 3-9 所示电路功能，写出 F_1 和 F_2 的逻辑函数表达式，说明电路功能。

解：根据给定逻辑图，可写出逻辑函数表达式：

$$F_1 = A \cdot B + C \cdot (A \oplus B)$$
$$F_2 = A \oplus B \oplus C$$

通过表达式可列出该电路的真值表，见表 3-12，由真值表可判断出该电路实现了全加器。

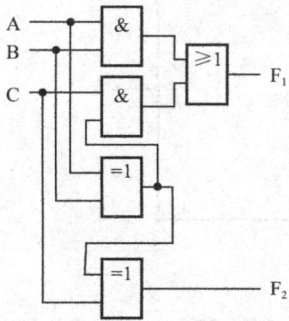

图 3-9　例 3-1 的图

表 3-12　例 3-1 的表

A	B	C	F_2	F_1
0	0	0	0	0
0	0	1	1	0
0	1	0	1	0
0	1	1	0	1
1	0	0	1	0
1	0	1	0	1
1	1	0	0	1
1	1	1	1	1

【例 3-2】已知由四选一数据选择器构成的组合电路如图 3-10 所示，写出输出的逻辑函数表达式，说明电路逻辑功能。

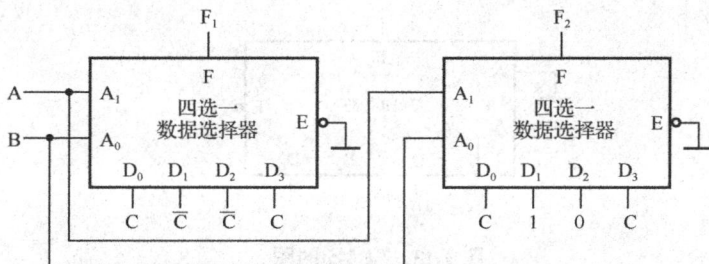

图 3-10　例 3-2 的图

解：由图 3-10 可以写出：

$$F_1 = \overline{A}\,\overline{B}C + \overline{A}B\overline{C} + A\overline{B}\,\overline{C} + ABC$$

$$F_2 = \overline{A}\,\overline{B}C + \overline{A}B + ABC = \overline{A}B + \overline{A}C + BC$$

该电路为全减器。

【例 3-3】试写出图 3-11 中输出 F 的逻辑函数表达式。74HC148 为优先编码器，其功能见表 3-1。

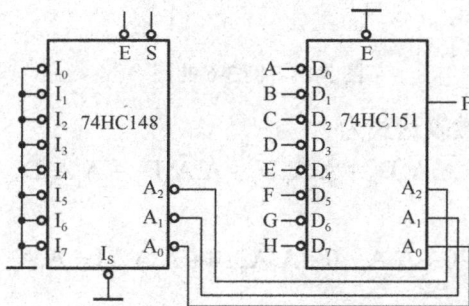

图 3-11　例 3-3 的图

解：图 3-11 中，74HC148 的 $\overline{I_0} \sim \overline{I_7}$ 虽然都接地，但 74HC148 是优先编码器，只对 $\overline{I_7}$ 编码，所以八选一数据选择器 74HC151 的 $A_2A_1A_0$ 等于 74HC148 的 $\overline{A_2}\,\overline{A_1}\,\overline{A_0}$，等于 000，使 $F=D_0=A$。

【例 3-4】试分析图 3-12 所示逻辑图的功能。

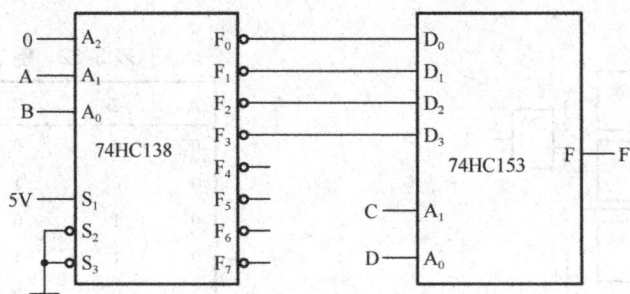

图 3-12 例 3-4 的图

解：74HC138 的 $A_2=0$，使 74HC138 变成 2-4 线译码器。AB=00 时，$\overline{F}_0=0$，$\overline{F}_1=\overline{F}_2=\overline{F}_3=1$。若此时 CD=00，则 $F=D_0=0$；若 $CD\neq00$，则 $F\neq D_0$，F=1。故该电路的功能：AB=CD 时，输出 F=0；$AB\neq CD$ 时，F=1。

【**例 3-5**】试分析图 3-13 所示逻辑图的功能。

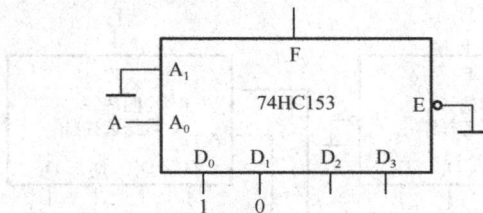

图 3-13 例 3-5 的图

解：74HC153 是双四选一数据选择器。由于 $A_1=0$，所以 A_1A_0 只有 00 和 01 两种取值。$A_1A_0=00$ 时，$F=D_0=1$；$A_1A_0=01$ 时，$F=D_1=0$。可见，$F=\overline{A}_0=\overline{A}$。可见，实现了 $F=\overline{A}$ 的功能。

【**例 3-6**】试分析图 3-14 所示逻辑图的功能。

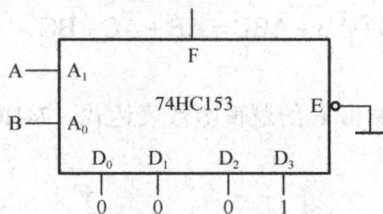

图 3-14 例 3-6 的图

解：74HC153 的逻辑函数表达式为

$$F=\overline{A}_1\overline{A}_0D_0+\overline{A}_1A_0D_1+A_1\overline{A}_0D_2+A_1A_0D_3$$

根据图 3-14 可得

$$F=\overline{A}_1\overline{A}_0\cdot0+\overline{A}_1A_0\cdot0+A_1\overline{A}_0\cdot0+A_1A_0\cdot1=A_1A_0=AB$$

因此实现了逻辑与功能。

【**例 3-7**】试分析图 3-15 所示逻辑图的功能。

解：74HC153 是双四选一数据选择器。将使能信号 $\overline{E}$ 写入逻辑函数表达式中：

$$F=(\overline{A}_1\overline{A}_0D_0+\overline{A}_1A_0D_1+A_1\overline{A}_0D_2+A_1A_0D_3)\overline{\overline{E}}$$

当 $\overline{E}=1$ 时，F=0；当 $\overline{E}=0$ 时，74HC153 具有"选择功能"。将 $A=\overline{E}$，$B=A_1$，$C=A_0$ 代入

上式，得 $F = (\overline{BC} \cdot 1 + \overline{B}C \cdot 0 + B\overline{C} \cdot 0 + BC \cdot 0)\overline{A} = \overline{A}\,\overline{B}\,\overline{C} = \overline{A + B + C}$。可见，实现了或非功能。

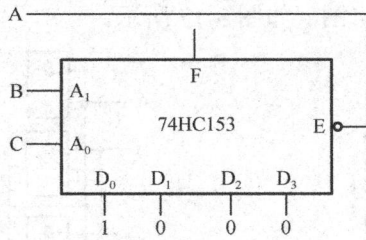

图 3-15　例 3-7 的图

【例 3-8】试分析图 3-16 所示逻辑图的功能。

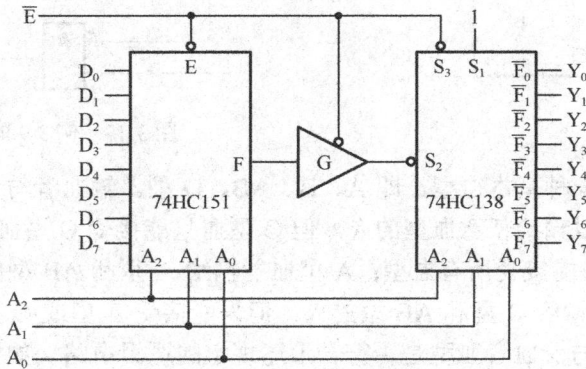

图 3-16　例 3-8 的图

　　解：$\overline{E}=0$ 时，八选一数据选择器 74HC151、三态缓冲器 G、3-8 线译码器 74HC138 均处于工作状态。当 $A_2A_1A_0=000$ 时，74HC151 选择 D_0 作为输入数据通道，74HC138 选择 $\overline{F}_0$ 作为输出通道。此时，$\overline{S}_2 = F = D_0$。若 $D_0=0$，即 74HC138 的 $\overline{S}_2=0$，74HC138 译码，$Y_0=0$，与 D_0 的状态相同。若 $D_0=1$，即 74HC138 的 $\overline{S}_2=1$，74HC138 不译码，所有输出全为 1，$Y_0=1$，也与 D_0 的状态相同。可见，$A_2A_1A_0=000$ 时，$F=D_0$；$A_2A_1A_0=001$ 时，$F=D_1$；……；$A_2A_1A_0=111$ 时，$F=D_7$。

　　当 $\overline{E}=1$ 时，74HC151 不选择，74HC138 不译码，G 输出为高阻态，将输入与输出隔离开，数据不能传输。

　　从上述分析可知，74HC138 在电路中起数据分配器的作用。74HC151 和 74HC138 一起构成了八路数据分时传输系统。

【例 3-9】设计一个监视交通信号灯工作状态的逻辑电路，每组信号灯均由红、黄、绿三盏灯组成。在正常情况下，任何时刻必有一盏灯点亮，而且只允许有一盏灯点亮，而当出现其他 5 种点亮状态时，电路发生故障，要求发出故障信号以提醒维护人员前去修理。试用最少量的与非门实现该电路。

　　解：根据题意，设红、黄、绿三盏灯分别用 A、B、C 表示，灯亮用 1 表示，灯灭用 0 表示。输出信号用 F 表示，出现故障，F=1；不出现故障，F=0。列出真值表，见表 3-13。

　　由真值表写出逻辑函数表达式：
$$F = \overline{A}\,\overline{B}\,\overline{C} + \overline{A}BC + A\overline{B}C + AB\overline{C} + ABC = \overline{A}\,\overline{B}\,\overline{C} + AB + BC + AC$$
用最少量的与非门实现，则有

$$F = \overline{\overline{A}\,\overline{B}\,\overline{C} + AB + BC + AC} = \overline{\overline{\overline{A}\,\overline{B}\,\overline{C}} \cdot \overline{AB} \cdot \overline{BC} \cdot \overline{AC}}$$

根据逻辑函数表达式画出逻辑图，如图 3-17 所示。

表 3-13 例 3-9 的表

A	B	C	F
0	0	0	1
0	0	1	0
0	1	0	0
0	1	1	1
1	0	0	0
1	0	1	1
1	1	0	1
1	1	1	1

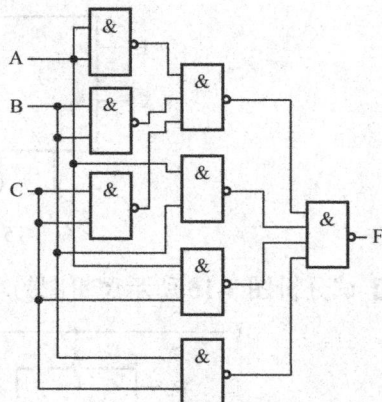

图 3-17 例 3-9 的图

【例 3-10】人类有 4 种基本血型，即 A、B、AB、O 型。输血者与受血者的血型必须符合下述规定：O 型血可以输给任意血型的人，但 O 型血只能接受 O 型血；AB 型血只能输给 AB 型的人，但 AB 型血能接受所有血型；A 型血能输给 A 型和 AB 型的人，但只能接受 A 型或 O 型血；B 型血能输给 B 型和 AB 型的人，但只能接受 B 型或 O 型血。试用与非门设计一个能够判断输血者与受血者血型是否符合上述规定的逻辑电路。如果输血者与受血者的血型符合规定，电路输出 1（提示，电路只要 4 个输入端，它们组成一组二进制代码，每组代码代表一个输血-受血的血型对）。

解： 用变量 A、B、C、D 表示输血者、受血者的血型对作为输入变量，用 F 表示血型是否符合规定，作为输出变量。得到血型与二进制数的对应关系见表 3-14，从而得到输血者与受血者血型是否符合规定的真值表见表 3-15。

表 3-14 例 3-10 的表 1

血型	二进制数
O	00
A	01
B	10
AB	11

表 3-15 例 3-10 的表 2

A	B	C	D	F	说　明
0	0	0	0	1	O→O
0	0	0	1	1	O→A
0	0	1	0	1	O→A
0	0	1	1	1	O→AB
0	1	0	0	0	A 禁送 O
0	1	0	1	1	A→A
0	1	1	0	0	A 禁送 B
0	1	1	1	1	A→AB
1	0	0	0	0	B 禁送 O
1	0	0	1	0	B 禁送 A
1	0	1	0	1	B→B
1	0	1	1	1	B→AB
1	1	0	0	0	AB 禁送 O
1	1	0	1	0	AB 禁送 A
1	1	1	0	0	AB 禁送 B
1	1	1	1	1	AB→AB

由真值表画出卡诺图如图 3-18 所示。由卡诺图得逻辑函数表达式：

$$F = \overline{A}\overline{B} + \overline{A}D + CD + \overline{B}C = \overline{\overline{A}\overline{B} \cdot \overline{A}D \cdot \overline{CD} \cdot \overline{B}C}$$

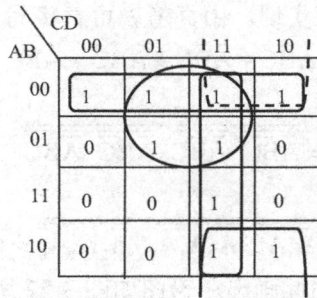

图 3-18　例 3-10 的图 1

由逻辑函数表达式画出逻辑图如图 3-19 所示。

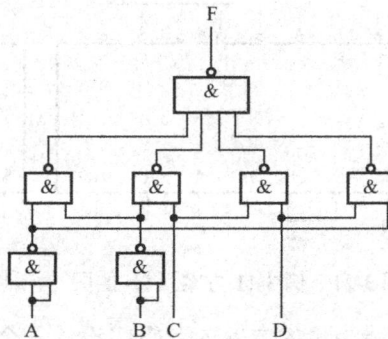

图 3-19　例 3-10 的图 2

如果用八选一数据选择器实现，则根据真值表可得到 $D_0=D_1=D_5=1$，$D_2=D_3=D_7=D$，$D_4=D_6=0$。由此可以画出用八选一数据选择器实现的判断输血者与受血者的血型是否符合规定的逻辑图，如图 3-20 所示。

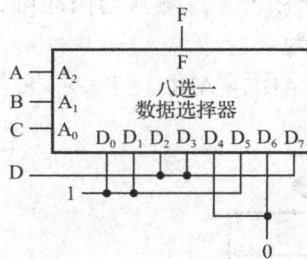

图 3-20　例 3-10 的图 3

【例 3-11】试用 74HC138 和逻辑门实现表 3-16 所示真值表的逻辑函数。

解：方案（1），用 74HC138 和与非门实现。由真值表可直接写出 F 的逻辑函数表达式：

$$F = A\overline{B}\overline{C} + A\overline{B}C + AB\overline{C} + ABC$$

经变换得

$$F = \overline{\overline{A\overline{B}\overline{C}} \cdot \overline{A\overline{B}C} \cdot \overline{AB\overline{C}} \cdot \overline{ABC}}$$

令 $A=A_2$，$B=A_1$，$C=A_0$，得

$$\overline{F} = \overline{\overline{A_2}\,\overline{A_1}\,\overline{A_0} \cdot \overline{A_2}\,\overline{A_1}A_0 \cdot \overline{A_2}A_1\overline{A_0} \cdot \overline{A_2}A_1A_0} = \overline{\overline{F}_4 \cdot \overline{F}_5 \cdot \overline{F}_6 \cdot \overline{F}_7}$$

由此画出逻辑图如图 3-21 所示。

方案（2），用 74HC138 和与门实现。由真值表可直接写出 $\overline{F}$ 的逻辑函数表达式：

$$\overline{F} = \overline{A}\overline{B}C + \overline{A}B\overline{C} + A\overline{B}\overline{C} + \overline{A}BC$$

经变换得

$$\overline{F} = \overline{\overline{\overline{A}\overline{B}C} \cdot \overline{\overline{A}B\overline{C}} \cdot \overline{A\overline{B}\overline{C}} \cdot \overline{\overline{A}BC}}$$

令 $A=A_2$，$B=A_1$，$C=A_0$，得

$$\overline{F} = \overline{\overline{\overline{A_2}\,\overline{A_1}\,\overline{A_0}} \cdot \overline{\overline{A_2}\,\overline{A_1}A_0} \cdot \overline{\overline{A_2}A_1\overline{A_0}} \cdot \overline{\overline{A_2}A_1A_0}} = \overline{\overline{F}_0 \cdot \overline{F}_1 \cdot \overline{F}_2 \cdot \overline{F}_3}$$

等式两边取反得 $F = \overline{F}_0 \cdot \overline{F}_1 \cdot \overline{F}_2 \cdot \overline{F}_3$，由此画出逻辑图如图 3-22 所示。

表 3-16　例 3-11 的表

A	B	C	F
0	0	0	0
0	0	1	0
0	1	0	0
0	1	1	0
1	0	0	1
1	0	1	1
1	1	0	1
1	1	1	1

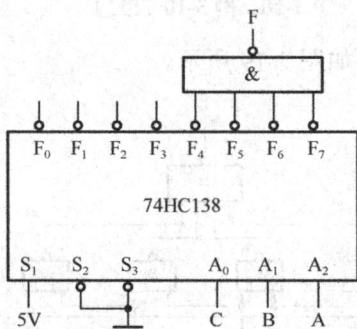

图 3-21　例 3-11 方案（1）的图　　图 3-22　例 3-11 方案（2）的图

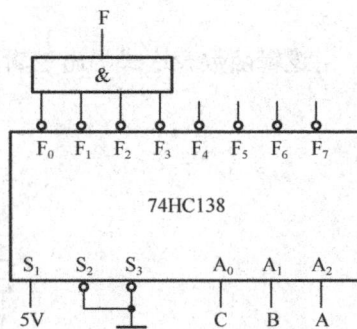

【例 3-12】试用 74HC138 和最少量的二输入逻辑门设计一个不一致电路。A、B、C 三个输入不一致时，输出为 1；一致时，输出为 0。

解：根据题目要求，只有 ABC=000 或 ABC=111 时才一致，输出为 0；其他取值组合均不一致，输出为 1，见表 3-17。

如果选用与非门，需六输入与非门，根据题目中要求，要用二输入与非门，则需要用多个二输入与非门。若选用与门，则只用一个二输入与门即可。

由表 3-17 写出逻辑函数表达式为

$$\overline{F} = \overline{A}\overline{B}\overline{C} + ABC，\quad F = \overline{F}_0 \cdot \overline{F}_7$$

画出逻辑图如图 3-23 所示。

表 3-17　例 3-12 的表

A	B	C	F
0	0	0	0
0	0	1	1
0	1	0	1
0	1	1	1
1	0	0	1
1	0	1	1
1	1	0	1
1	1	1	0

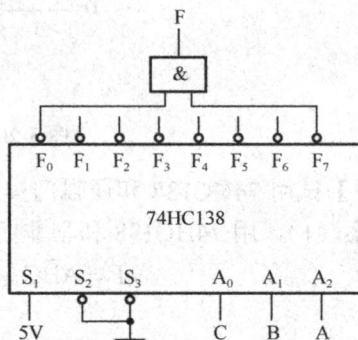

图 3-23　例 3-12 的图

【例3-13】试用3-8线译码器实现一组多输出逻辑函数：

$$Y_1 = A\overline{C} + \overline{A}BC + A\overline{B}C，\quad Y_2 = BC + \overline{A}\,\overline{B}C，\quad Y_3 = A + \overline{A}BC，\quad Y_4 = \overline{A}B\overline{C} + \overline{B}\,\overline{C} + ABC$$

解： 将$Y_1 \sim Y_4$转换为最小项之和形式：

$$Y_1 = A\overline{C} + \overline{A}BC + A\overline{B}C = A\overline{B}\,\overline{C} + AB\overline{C} + \overline{A}BC + A\overline{B}C$$
$$= m_4 + m_6 + m_3 + m_5$$

$$Y_2 = BC + \overline{A}\,\overline{B}C = \overline{A}BC + ABC + \overline{A}\,\overline{B}C$$
$$= m_3 + m_7 + m_1$$

$$Y_3 = A + \overline{A}BC = ABC + AB\overline{C} + A\overline{B}C + A\overline{B}\,\overline{C} + \overline{A}BC$$
$$= m_7 + m_6 + m_5 + m_4 + m_3$$

$$Y_4 = \overline{A}B\overline{C} + \overline{B}\,\overline{C} + ABC = \overline{A}B\overline{C} + \overline{A}\,\overline{B}\,\overline{C} + A\overline{B}\,\overline{C} + ABC$$
$$= m_2 + m_0 + m_4 + m_7$$

令$A_2=A$，$A_1=B$，$A_0=C$，则表达式可以用译码器的输出F_i（$i=0 \sim 7$）来表示：

$$Y_1 = \overline{\overline{m}_3 \cdot \overline{m}_4 \cdot \overline{m}_5 \cdot \overline{m}_6} = \overline{\overline{F}_3 \cdot \overline{F}_4 \cdot \overline{F}_5 \cdot \overline{F}_6}$$

$$Y_2 = \overline{\overline{m}_1 \cdot \overline{m}_3 \cdot \overline{m}_7} = \overline{\overline{F}_1 \cdot \overline{F}_3 \cdot \overline{F}_7}$$

$$Y_3 = \overline{\overline{m}_3 \cdot \overline{m}_4 \cdot \overline{m}_5 \cdot \overline{m}_6 \cdot \overline{m}_7} = \overline{\overline{F}_3 \cdot \overline{F}_4 \cdot \overline{F}_5 \cdot \overline{F}_6 \cdot \overline{F}_7}$$

$$Y_4 = \overline{\overline{m}_0 \cdot \overline{m}_2 \cdot \overline{m}_4 \cdot \overline{m}_7} = \overline{\overline{F}_0 \cdot \overline{F}_2 \cdot \overline{F}_4 \cdot \overline{F}_7}$$

只要在译码器之外附加4个与非门，就得到$Y_1 \sim Y_4$的逻辑电路，其连接如图3-24所示。

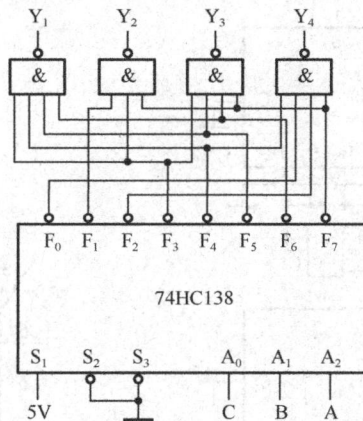

图3-24　例3-13的图

【例3-14】试选用中规模集成电路实现表3-18的功能。

解： 若把A、B、C、D看成二进制数，ABCD=0110时，$F_2=1$；ABCD<0110时，$F_1=1$；ABCD>0110时，$F_3=1$。上述分析结果是将ABCD与二进制数0110比较得出的。因此选用4位数值比较器7485较为方便。

令$A_3A_2A_1A_0$=ABCD，$B_3B_2B_1B_0$=0110，A<B时为F_1，A=B时为F_2，A>B时为F_3。画出逻辑图如图3-25所示。

表 3-18　例 3-14 的表

A	B	C	D	F_1	F_2	F_3
0	0	0	0	1	0	0
0	0	0	1	1	0	0
0	0	1	0	1	0	0
0	0	1	1	1	0	0
0	1	0	0	1	0	0
0	1	0	1	1	0	0
0	1	1	0	0	1	0
0	1	1	1	0	0	1
1	0	0	0	0	0	1
1	0	0	1	0	0	1
1	0	1	0	0	0	1
1	0	1	1	0	0	1
1	1	0	0	0	0	1

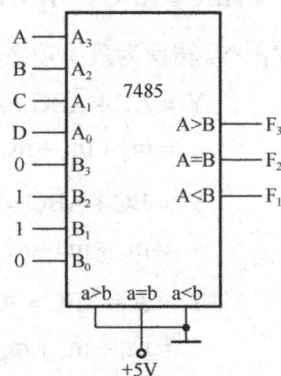

图 3-25　例 3-14 的图

【**例 3-15**】试用 74HC283 实现 8421 码的加法运算。

解：两个 1 位 8421 码相加，和数最小的情况是 0000+0000=0000，最大的情况是 1001+1001=11000（8421 码的 18）。74HC283 为 4 位超前进位二进制加法器。用它进行 8421 码相加时，若和数小于或等于 9，无须修正（加 0000），74HC283 输出即为 8421 码相加之和。当和数大于或等于十进制数 10 时，需加 6 进行修正（加 0110）。用 C 作为控制端，C=0 时不修正；C=1 时修正，加 0110。画出逻辑图如图 3-26 所示。部分修正信号由卡诺图获得，如图 3-27 所示。最终逻辑函数表达式为 $C=C_4+S_3S_2+S_3S_1$。

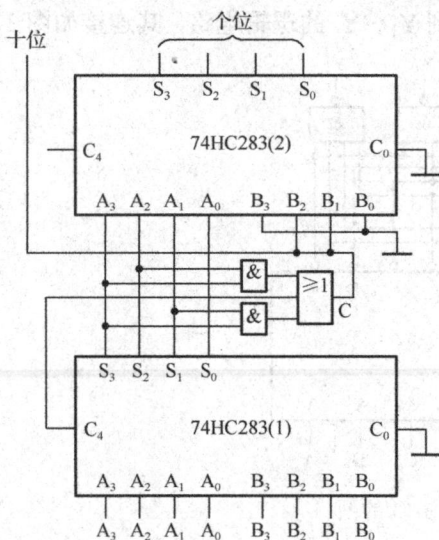

图 3-26　例 3-15 的图 1

图 3-27　例 3-15 的图 2

【**例 3-16**】试设计用三个开关控制一个电灯的逻辑电路，要求改变任何一个开关的状态，都能控制电灯由亮到灭或由灭到亮。要求用四选一数据选择器实现。

解：由题目要求设 A、B、C 表示三个开关，0 表示开关断开，1 表示开关闭合；F 表示灯的状态，1 表示灯亮，0 表示灯灭。设 ABC=000 时，F=0，从这个状态开始，单独改变任何一个开关的状态，灯 F 的状态都要改变，从而得到 ABC 与 F 之间的逻辑关系。真值表见表 3-19。

由真值表得到逻辑函数表达式：

$$F = \overline{A}\overline{B}C + \overline{A}B\overline{C} + A\overline{B}\overline{C} + ABC$$

与四选一数据选择器的逻辑函数表达式 $F = \overline{A}\overline{B}D_0 + \overline{A}BD_1 + A\overline{B}D_2 + ABD_3$ 进行比较。令 $A_1=A$，$A_0=B$，可得 $D_0=D_3=C$，$D_1 = D_2 = \overline{C}$，画出逻辑图如图 3-28 所示。

表 3-19 例 3-16 的表

A	B	C	F
0	0	0	0
0	0	1	1
0	1	0	1
0	1	1	0
1	0	0	1
1	0	1	0
1	1	0	0
1	1	1	1

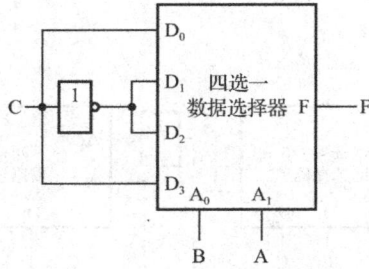

图 3-28 例 3-16 的图

【例 3-17】由可编程逻辑器件构成的逻辑电路如图 3-29 所示，试写出输出的逻辑函数表达式。

解：根据图 3-29，首先写出与阵列的输出，再将或阵列输入的与项相或，最后经过两个异或门得到输出：

$$F_1 = (AC + BC) \oplus 1 = \overline{AC + BC}，\quad F_0 = (A\overline{B} + AC + \overline{A}B\overline{C}) \oplus 0 = A\overline{B} + AC + \overline{A}B\overline{C}$$

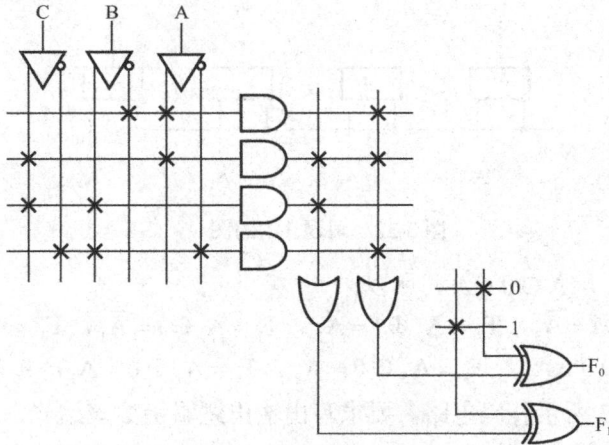

图 3-29 例 3-17 的图

【例 3-18】已知由四选一数据选择器构成的逻辑电路如图 3-30 所示，要求：（1）写出输出的逻辑函数表达式，说明电路的逻辑功能。（2）画出用 PLD 与或矩阵实现该电路功能的逻辑图。

解：（1）根据图 3-30，可以写出：

$$F_1 = \overline{A}\overline{B}C + \overline{A}B\overline{C} + A\overline{B}\overline{C} + ABC$$

$$F_2 = \overline{A}BC + A\overline{B}C + AB\overline{C} + ABC = AB + AC + BC$$

根据上述表达式可以判断出该电路实现了全加器功能。

（2）根据上述表达式可以画出用 PLD 实现的逻辑图，如图 3-31 所示。

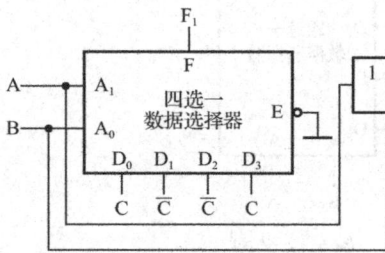

图 3-30　例 3-18 的图 1

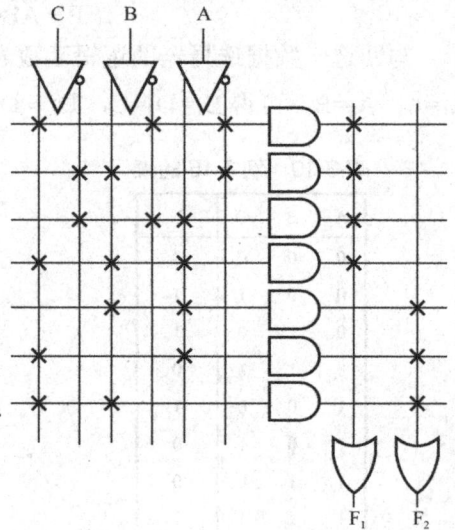

图 3-31　例 3-18 的图 2

3.4　习题解答

3-1　试分析图 3-32 所示电路，分别写出 M=1 和 M=0 时输出逻辑函数表达式。

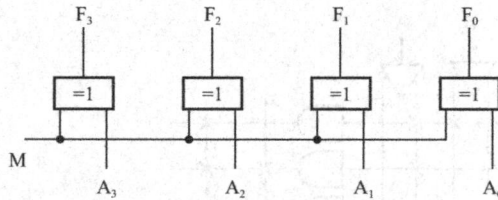

图 3-32　习题 3-1 的图

解：因为 $A \oplus 1 = \overline{A}$，$A \oplus 0 = A$，所以：

M=1 时，$F_3 = A_3 \oplus 1 = \overline{A}_3$，$F_2 = A_2 \oplus 1 = \overline{A}_2$，$F_1 = A_1 \oplus 1 = \overline{A}_1$，$F_0 = A_0 \oplus 1 = \overline{A}_0$；

M=0 时，$F_3 = A_3 \oplus 0 = A_3$，$F_2 = A_2 \oplus 0 = A_2$，$F_1 = A_1 \oplus 0 = A_1$，$F_0 = A_0 \oplus 0 = A_0$。

3-2　试分析图 3-33 所示补码电路，要求写出输出逻辑函数表达式，并列出其真值表。

解：由图 3-33 可以写出：

$$Z = D$$

$$Y = C \oplus D = C\overline{D} + \overline{C}D$$

$$X = B \oplus (C + Y) = B \oplus (C + C\overline{D} + \overline{C}D) = B \oplus (C + D)$$

$$W = A \oplus (B + X) = A \oplus (B + \overline{\overline{C} \cdot \overline{D}} \cdot \overline{B} + \overline{C} \cdot \overline{D} \cdot B) = A \oplus (B + \overline{\overline{C} \cdot \overline{D}})$$

$$= A \oplus (B + C + D)$$

根据上述各式可以列出真值表，见表 3-20。

表 3-20 习题 3-2 的表

A	B	C	D	W	X	Y	Z
0	0	0	0	0	0	0	0
0	0	0	1	1	1	1	1
0	0	1	0	1	1	1	0
0	0	1	1	1	1	0	1
0	1	0	0	1	1	0	0
0	1	0	1	1	0	1	1
0	1	1	0	1	0	1	0
0	1	1	1	1	0	0	1
1	0	0	0	1	0	0	0
1	0	0	1	0	1	1	1
1	0	1	0	0	1	1	0
1	0	1	1	0	1	0	1
1	1	0	0	0	1	0	0
1	1	0	1	0	0	1	1
1	1	1	0	0	0	1	0
1	1	1	1	0	0	0	1

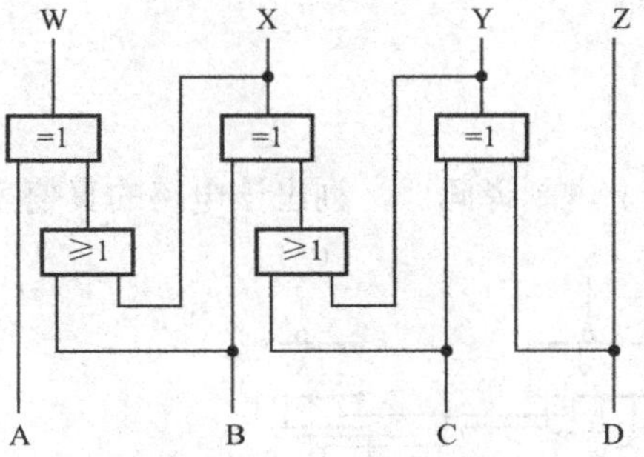

图 3-33 习题 3-2 的图

由真值表可以看出，WXYZ 为 ABCD 的补码。

3-3 试说明图 3-34 所示两个逻辑图的功能是否一样。

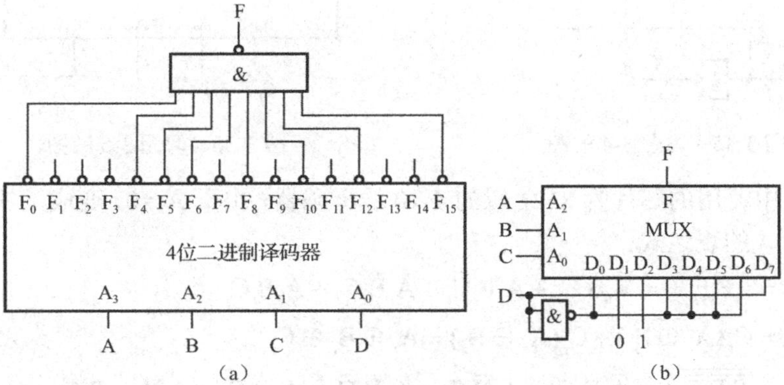

图 3-34 习题 3-3 的图

解： 由图 3-34（a）得

$$F = \overline{\overline{F_0} \cdot \overline{F_4} \cdot \overline{F_5} \cdot \overline{F_6} \cdot \overline{F_8} \cdot \overline{F_{10}} \cdot \overline{F_{12}} \cdot \overline{F_{15}}}$$

$$= \overline{\overline{\overline{A}\,\overline{B}\,\overline{C}\,\overline{D}} \cdot \overline{A\overline{B}\,\overline{C}\,\overline{D}} \cdot \overline{\overline{A}B\overline{C}D} \cdot \overline{\overline{A}BC\overline{D}} \cdot \overline{A\overline{B}\,\overline{C}\,\overline{D}} \cdot \overline{A\overline{B}C\overline{D}} \cdot \overline{AB\overline{C}\,\overline{D}} \cdot \overline{ABCD}}$$

$$= m_0 + m_4 + m_5 + m_6 + m_8 + m_{10} + m_{12} + m_{15}$$

由图 3-34（b）得

$$F = \sum_{i=0}^{7} D_i m_i, \quad D_0 = D_3 = D_4 = D_5 = D_6 = \overline{D}, \quad D_7 = D, \quad D_1 = 0, \quad D_2 = 1$$

$$F = \overline{A}\,\overline{B}\,\overline{C}\,\overline{D} + \overline{A}B\overline{C}D + \overline{A}BC\overline{D} + \overline{A}BC\overline{D} + A\overline{B}\,\overline{C}\,\overline{D} + A\overline{B}C\overline{D} + AB\overline{C}\,\overline{D} + ABCD$$

$$= \overline{\overline{\overline{A}\,\overline{B}\,\overline{C}\,\overline{D}} \cdot \overline{\overline{A}B\overline{C}D} \cdot \overline{\overline{A}BC\overline{D}} \cdot \overline{\overline{A}BC\overline{D}} \cdot \overline{A\overline{B}\,\overline{C}\,\overline{D}} \cdot \overline{A\overline{B}C\overline{D}} \cdot \overline{AB\overline{C}\,\overline{D}} \cdot \overline{ABCD}}$$

$$= \overline{\overline{F_0} \cdot \overline{F_4} \cdot \overline{F_5} \cdot \overline{F_6} \cdot \overline{F_8} \cdot \overline{F_{10}} \cdot \overline{F_{12}} \cdot \overline{F_{15}}}$$

$$= m_0 + m_4 + m_5 + m_6 + m_8 + m_{10} + m_{12} + m_{15}$$

图 3-34（a）和（b）的逻辑函数表达式相同，说明两个图的功能是一样的。

3-4 试分析图 3-35 所示电路的逻辑功能。其中，G_1 和 G_0 为控制端，A 和 B 为输入端。要求写出 G_1 和 G_0 在 4 种不同取值下的 F 表达式。

解： 由图 3-35 可以写出：

$$F = \overline{G}_1\overline{G}_0 A + \overline{G}_1 G_0 \overline{A}B + \overline{G}_1 G_0 A\overline{B} + G_1 \overline{G}_0 AB + G_1 G_0 \overline{A}B + G_1 G_0 A$$

$G_1 G_0=00$ 时，F=A

$G_1 G_0=01$ 时，$F = \overline{A}B + A\overline{B} = A \oplus B$

$G_1 G_0=10$ 时，F=AB

$G_1 G_0=11$ 时，$F = \overline{A}B + A = A + B$

3-5 图 3-36 所示电路为低电平有效的 8421 码二-十进制译码器，列出该电路的真值表。

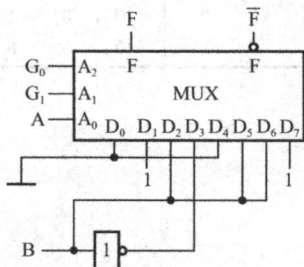

图 3-35 习题 3-4 的图

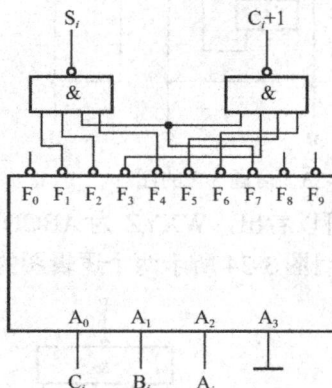

图 3-36 习题 3-5 的图

解： 图 3-36 中使用的芯片为 8421 码的 4-10 线译码器，由于 $A_3=0$，变成了 3-8 线译码器。可以写出 S_i 和 C_{i+1} 的表达式：

$$S_i = \overline{\overline{F}_1\overline{F}_2\overline{F}_4\overline{F}_7} = \overline{A}_i\overline{B}_iC_i + \overline{A}_iB_i\overline{C}_i + A_i\overline{B}_i\overline{C}_i + A_iB_iC_i$$

$$= C_i(\overline{A_i \oplus B_i}) + \overline{C}_i(A_i \oplus B_i) = A_i \oplus B_i \oplus C_i$$

$$C_i = \overline{\overline{F}_3\overline{F}_5\overline{F}_6\overline{F}_7} = \overline{A}_iB_iC_i + A_i\overline{B}_iC_i + A_iB_i\overline{C}_i + A_iB_iC_i = A_iB_i + B_iC_i + C_iA_i$$

真值表见表 3-21。

表 3-21 习题 3-5 的表

A_i	B_i	C_i	S_i	C_{i+1}
0	0	0	0	0
0	0	1	1	0
0	1	0	1	0
0	1	1	0	1
1	0	0	1	0
1	0	1	0	1
1	1	0	0	1
1	1	1	1	1

该电路为 1 位全加器。

3-6 图 3-37 所示电路为数据传送电路。其中，D_3、D_2、D_1、D_0 为传送数据的数据总线，A_3、A_2、A_1、A_0，B_3、B_2、B_1、B_0，C_3、C_2、C_1、C_0，E_3、E_2、E_1、E_0 为待传送的 4 路数据。要求列出 X、Y 在 4 种不同取值下的传送数据。

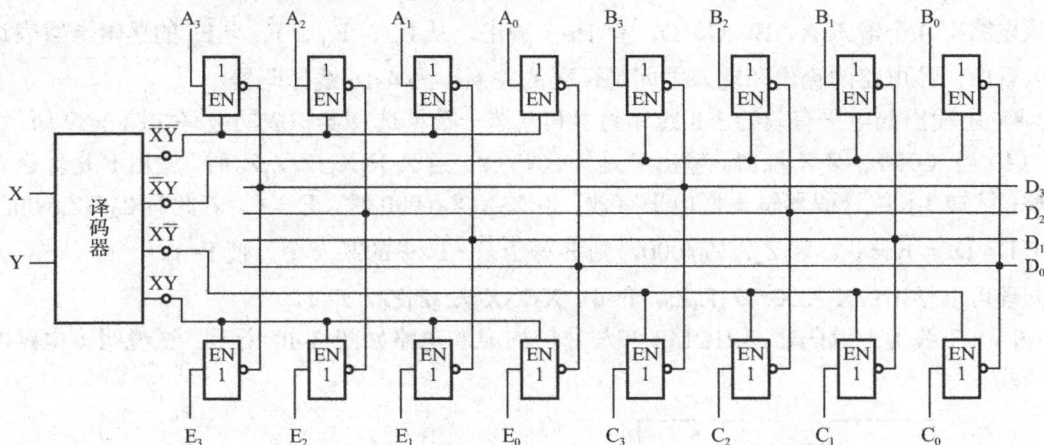

图 3-37　习题 3-6 的图

解： 图 3-37 中的译码器为输出高电平有效的 2-4 线译码器，非门为高电平有效的三态非门。因此：

$$XY=00\ 时，\quad D_3 = \overline{A}_3，\quad D_2 = \overline{A}_2，\quad D_1 = \overline{A}_1，\quad D_0 = \overline{A}_0$$
$$XY=01\ 时，\quad D_3 = \overline{B}_3，\quad D_2 = \overline{B}_2，\quad D_1 = \overline{B}_1，\quad D_0 = \overline{B}_0$$
$$XY=10\ 时，\quad D_3 = \overline{C}_3，\quad D_2 = \overline{C}_2，\quad D_1 = \overline{C}_1，\quad D_0 = \overline{C}_0$$
$$XY=11\ 时，\quad D_3 = \overline{E}_3，\quad D_2 = \overline{E}_2，\quad D_1 = \overline{E}_1，\quad D_0 = \overline{E}_0$$

3-7 图 3-38 所示电路中的每个方框均为 2-4 线译码器。该译码器输出低电平有效，$\overline{E}$ 工作时为低电平有效。要求：（1）写出电路工作时 F_{10}、F_{20}、F_{30}、F_{40} 的逻辑函数表达式。（2）说明电路的逻辑功能。

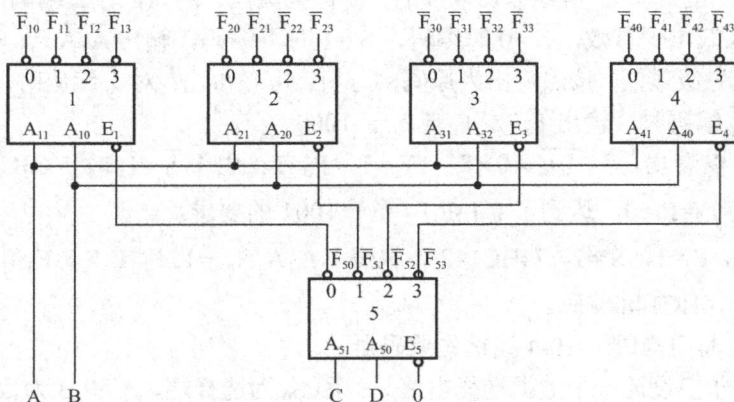

图 3-38　习题 3-7 的图

解： 已知图 3-38 中的译码器输出低电平有效。5 号译码器的 $\overline{E}_5$ 接 0，处于译码状态。1 号、2 号、3 号、4 号译码器受 5 号译码器输出控制。

CD=00 时，$\overline{E}_1 = \overline{F}_{50} = 0$，$\overline{E}_2 = \overline{F}_{51} = 1$，$\overline{E}_3 = \overline{F}_{52} = 1$，$\overline{E}_4 = \overline{F}_{53} = 1$。这时，只有 1 号译码

器译码，其他译码器不译码。CD=01 时，2 号译码器译码。CD=10 时，3 号译码器译码。CD=11 时，4 号译码器译码。电路工作，即译码时，$\overline{F_{10}}$、$\overline{F_{20}}$、$\overline{F_{30}}$、$\overline{F_{40}}$ 的逻辑函数表达式分别如下：

$$\overline{F_{10}}=\overline{A\cdot B\cdot C\cdot D}, \quad \overline{F_{20}}=\overline{A\cdot B\cdot C\cdot D}, \quad \overline{F_{30}}=\overline{A\cdot B\cdot C\cdot D}, \quad \overline{F_{40}}=\overline{A\cdot B\cdot C\cdot D}$$

该电路有 4 个输入 A、B、C、D，有 16 个输出。从 $\overline{F_{10}}$、$\overline{F_{20}}$、$\overline{F_{30}}$、$\overline{F_{40}}$ 的逻辑函数表达式可以看出，该电路的输出和输入之间是译码的关系，为 4-16 线译码器。

3-8 由输出低电平有效的 3-8 线译码器和八选一数据选择器构成的电路如图 3-39 所示，试问：（1）当 $X_2X_1X_0=Z_2Z_1Z_0$ 时，输出 F 是什么？（2）当 $X_2X_1X_0\neq Z_2Z_1Z_0$ 时，输出 F 是什么？

解：已知 3-8 线译码器输出低电平有效。当 $X_2X_1X_0=000$ 时，$\overline{F_0}=0$。若此时 $Z_2Z_1Z_0=000$，则输出 $F=D_0=\overline{F_0}=0$。若 $Z_2Z_1Z_0\neq000$，则 F 等于 $\overline{F_1}\sim\overline{F_7}$ 中的某一个，使 F=1。

同理可以推出：$X_2X_1X_0=Z_2Z_1Z_0$，F=0；$X_2X_1X_0\neq Z_2Z_1Z_0$，F=1。

3-9 8-3 线优先编码器 74HC148 和与非门构成的电路如图 3-40 所示。试说明该电路的逻辑功能。

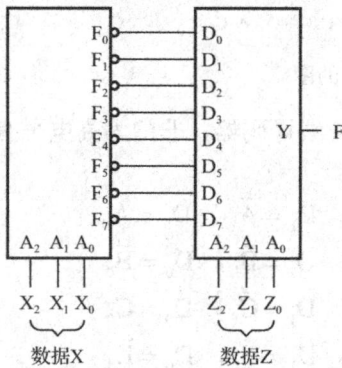

图 3-39 习题 3-8 的图　　　　　图 3-40 习题 3-9 的图

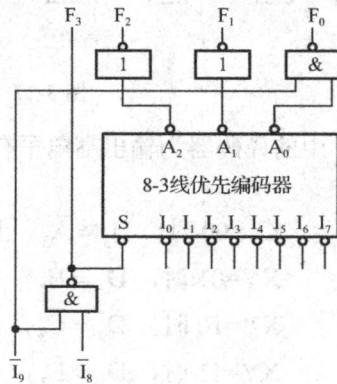

解：74HC148 的输出为输入信号下角标的二进制数的反码。例如，对 $\overline{I_7}$ 编码得 $\overline{A_2}\overline{A_1}\overline{A_0}=000$（111 的反码）。但经非门取反后，便得到原码。例如，对 $\overline{I_7}$ 编码得 $F_2F_1F_0=111$。

74HC148 输入低电平有效，$\overline{S}=0$ 时编码，$\overline{S}=1$ 时不编码，输出 $\overline{A_2}\overline{A_1}\overline{A_0}=111$，$\overline{I_7}$ 的优先级最高，$\overline{I_0}$ 的优先级最低。按照输出为原码的分析，可以得出：对 $\overline{I_9}$ 编码时，输出 $F_3F_2F_1F_0$ 应等于 1001；对 $\overline{I_8}$ 编码时，输出 $F_3F_2F_1F_0$ 应等于 1000。

由图 3-40 可以看出，当 $\overline{I_9}\overline{I_8}=0\times$ 时，$F_3=1$，$F_0=1$。由于 $\overline{S}=1$ 时 74HC148 不编码，$\overline{A_2}\overline{A_1}\overline{A_0}=111$，使 $F_2=F_1=0$，达到了 $F_3F_2F_1F_0$ 等于 1001 的要求。

当 $\overline{I_9}\overline{I_8}=\times0$ 时，$F_3=1$，$\overline{S}=1$，74HC148 不编码，$\overline{A_2}\overline{A_1}\overline{A_0}=111$，$F_3F_2F_1F_0=1000$。$\overline{I_9}\overline{I_8}=11$ 时，$F_3=0$，$\overline{S}=0$，74HC148 编码。

74HC148 和与非门构成了 10-4 线优先编码器。

3-10 试用与非门设计一个数据选择电路。S_1 和 S_0 为选择端，A 和 B 为数据输入端。选择电路的功能见表 3-22。选择电路可以反变量输入。

解：S_1 和 S_0 与 A 和 B 一起决定了逻辑函数 F。

实现 F=AB，F=A+B，$F=A\odot B$，$F=A\oplus B$ 的真值表见表 3-23。

由真值表画出卡诺图如图 3-41 所示。为了用与非门实现逻辑选择功能，先将 F 化简成最简与或式，再转换成与非-与非式。

表 3-22	习题 3-10 的表 1	
S_1 S_0		F
0 0		AB
0 1		A+B
1 0		A⊙B
1 1		A⊕B

表 3-23　习题 3-10 的表 2

S_1	S_0	A	B	F	说明
0	0	0	0	0	
0	0	0	1	0	
0	0	1	0	0	F=AB
0	0	1	1	1	
0	1	0	0	0	
0	1	0	1	1	
0	1	1	0	1	F=A+B
0	1	1	1	1	
1	0	0	0	1	
1	0	0	1	0	
1	0	1	0	0	F=A⊙B
1	0	1	1	1	
1	1	0	0	0	
1	1	0	1	1	
1	1	1	0	1	F=A⊕B
1	1	1	1	0	

由卡诺图写出逻辑函数表达式：

$$F = \overline{S}_1 AB + \overline{S}_0 AB + S_0 \overline{A}B + S_0 A\overline{B} + S_1 \overline{S}_0 \overline{A}\overline{B}$$
$$= \overline{\overline{\overline{S}_1 AB} \cdot \overline{\overline{S}_0 AB} \cdot \overline{S_0 \overline{A}B} \cdot \overline{S_1 \overline{S}_0 \overline{A}\overline{B}}}$$

画出逻辑图如图 3-42 所示。

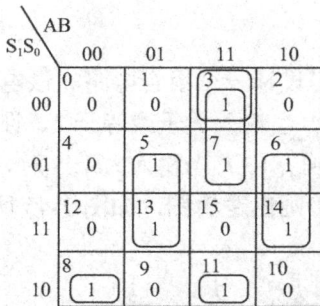

图 3-41　习题 3-10 的图 1

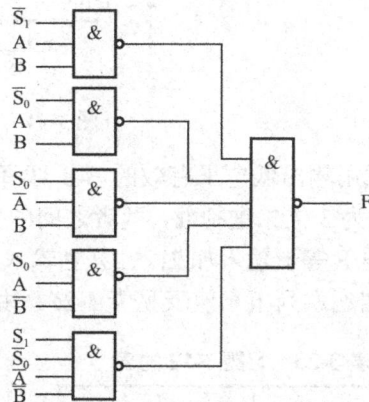

图 3-42　习题 3-10 的图 2

3-11　某化工厂的化学液体罐示意图如图 3-43 所示，罐体上安装了 7 个液位传感器，每隔 1m 安装 1 个。该液位传感器的工作原理：当液面高于传感器时，传感器输出逻辑高电平 1；当液面低于传感器时，传感器输出逻辑低电平 0。用中规模集成电路及必要的门电路设计液面高度监测显示电路。假设用共阴极数码管显示高度数值。

解： 根据题意，该控制电路有 7 个输入 $S_1 \sim S_7$，3 个输出 Y_2、Y_1、Y_0。状态赋值如下：输入信号中，1 代表液面高于传感器，0 代表液面低于传感器；输出 $Y_2 Y_1 Y_0$ 表示编码组合。按照题意，列出真值表如表 3-24 所示。

图 3-43 习题 3-11 的图 1

表 3-24 习题 3-11 的表

S_1	S_2	S_3	S_4	S_5	S_6	S_7	Y_2	Y_1	Y_0
0	0	0	0	0	0	0	0	0	0
1	0	0	0	0	0	0	0	0	1
1	1	0	0	0	0	0	0	1	0
1	1	1	0	0	0	0	0	1	1`
1	1	1	1	0	0	0	1	0	0
1	1	1	1	1	0	0	1	0	1
1	1	1	1	1	1	0	1	1	0
1	1	1	1	1	1	1	1	1	1

真值表描述的逻辑关系利用 74HC148 实现,液面高度监测显示电路利用 7448 及共阴数码管实现。由接 5V 电源的 74HC148 及 7448 构成的逻辑图如图 3-44 所示。

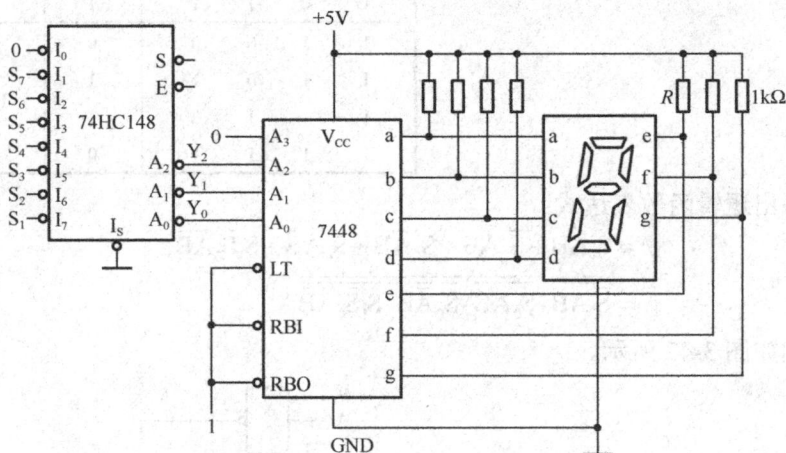

图 3-44 习题 3-11 的图 2

3-12 试用输出低电平有效的 3-8 线译码器和逻辑门设计一个组合电路。该电路的输入 X、输出 F 均为 3 位二进制数。两者之间的关系如下:(1)当输入大于或等于 2,且小于或等于 5 时,输出 F 等于输入加 2;(2)当输入小于 2 时,F=1;(3)当输入大于 5 时,F=0。

解: 根据题意列出真值表见表 3-25。由真值表可直接画出逻辑图,如图 3-45 所示。

表 3-25 习题 3-12 的表

X_2	X_1	X_0	F_2	F_1	F_0
0	0	0	0	0	1
0	0	1	0	0	1
0	1	0	1	0	0
0	1	1	1	0	1
1	0	0	1	1	0
1	0	1	1	1	1
1	1	0	0	0	0
1	1	1	0	0	0

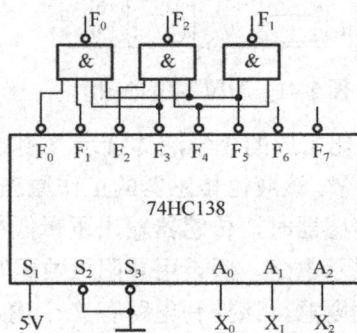

图 3-45 习题 3-12 的图

3-13 试用 74HC138 和 74HC151 构成两个 4 位二进制数相同比较器。其功能是：两个二进制数相等时输出为 1，否则输出为 0。

解：74HC138 和 74HC151 地址端均为三变量输入，要实现 4 位二进制数相同比较器，必须分别用两个芯片级联扩展输入端，并将待比较的两个 4 位二进制数分别输入到扩展后的输入端，就可得到两个 4 位二进制数相同时，输出为 1 的功能。逻辑图如图 3-46 所示。

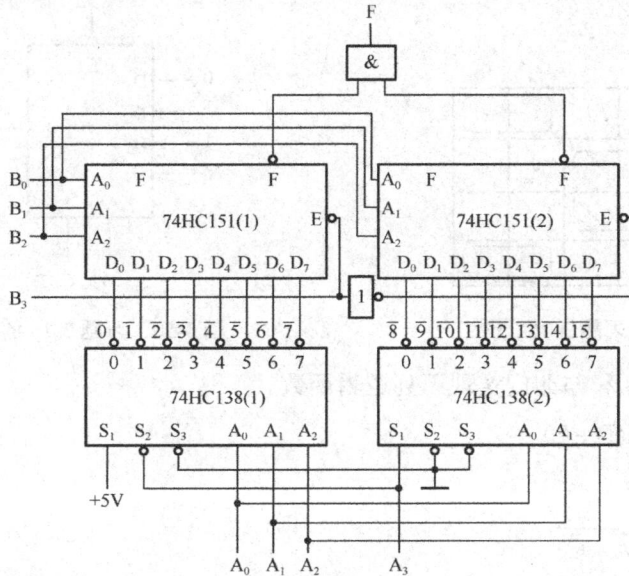

图 3-46 习题 3-13 的图

当 $A_3=B_3=1$ 时，74HC138 和 74HC151（1）（低位片）使能端无效不工作，741HC51（1）的输出 $\overline{F}=1$，当 $A_2A_1A_0=B_2B_1B_0$ 时，74HC151（2）（高位片）的输出 $\overline{F}=1$，因此总输出 F=1。当 $A_2A_1A_0 \neq B_2B_1B_0$ 时，74HC151（2）的输出 $\overline{F}=0$，因此总输出 F=0。

当 $A_3=B_3=0$ 时，74HC151（2）使能端无效不工作，74HC151（2）的输出 $\overline{F}=1$，当 $A_2A_1A_0=B_2B_1B_0$ 时，74HC151（1）的输出 $\overline{F}=1$，因此总输出 F=1。当 $A_2A_1A_0 \neq B_2B_1B_0$ 时，74HC151（1）的输出 $\overline{F}=0$，因此总输出 F=0。

3-14 试用两片 74HC138 实现 8421 BCD 码的译码。

解：两片 74HC138 可以构成 4-16 线译码器。8421 BCD 码译码器为 4-10 线译码器。

$A_3A_2A_1A_0$ 的 16 种取值中的 1010～1111 不出现，即 $\overline{F}_{10} \sim \overline{F}_{15}$ 不用，实现了 4-10 线译码器。逻辑图如图 3-47 和图 3-48 所示。

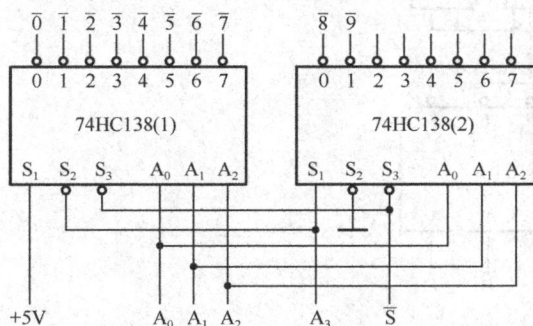

图 3-47 习题 3-14 的图 1

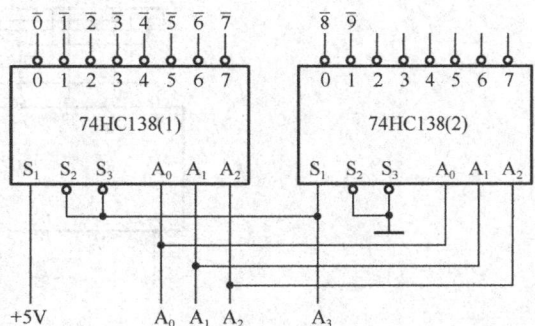

图 3-48 习题 3-14 的图 2

3-15 试只用一片四选一数据选择器设计一个判定电路。该电路输入为 8421 BCD 码，当输入的数大于 1、小于 6 时输出为 1，否则输出为 0（提示：可用无关项化简）。

解：输入为 8421 BCD 码，因此 ABCD 的 16 种取值中只出现 0000～1001，余者为约束项。根据题意画出卡诺图如图 3-49 所示。由卡诺图得 $F = B\overline{C} + \overline{B}C$。由四选一数据选择器构成的判定电路如图 3-50 所示。

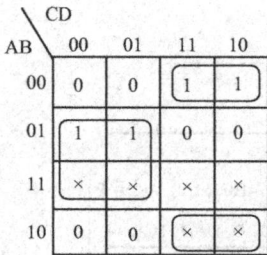

图 3-49 习题 3-15 的图 1

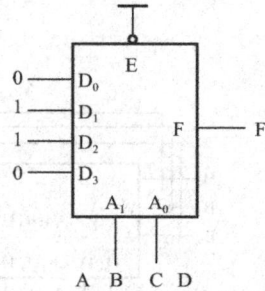

图 3-50 习题 3-15 的图 2

3-16 用 74HC138 和与非门实现下列逻辑函数。

（1）$Y_1 = ABC + \overline{A}(B + C)$

（2）$Y_2 = A\overline{B} + \overline{A}B$

（3）$Y_3 = \overline{(A + B)(\overline{A} + \overline{C})}$

（4）$Y_4 = ABC + \overline{A}\overline{B}\overline{C}$

解：

$$Y_1 = ABC + \overline{A}(B + C) = ABC + \overline{A}BC + \overline{A}B\overline{C} + \overline{A}\overline{B}C = m_7 + m_3 + m_2 + m_1$$

$$Y_2 = A\overline{B} + \overline{A}B = A\overline{B}\overline{C} + A\overline{B}C + \overline{A}B\overline{C} + \overline{A}BC = m_4 + m_5 + m_3 + m_2$$

$$Y_3 = \overline{(A + B)(\overline{A} + \overline{C})} = \overline{A + B} + \overline{\overline{A} + \overline{C}} = \overline{A}\overline{B} + AC = \overline{A}\overline{B}\overline{C} + \overline{A}\overline{B}C + A\overline{B}C + ABC$$
$$= m_0 + m_1 + m_5 + m_7$$

$$Y_4 = ABC + \overline{A}\overline{B}\overline{C} = m_7 + m_0$$

根据上述表达式画出逻辑图如图 3-51 所示。

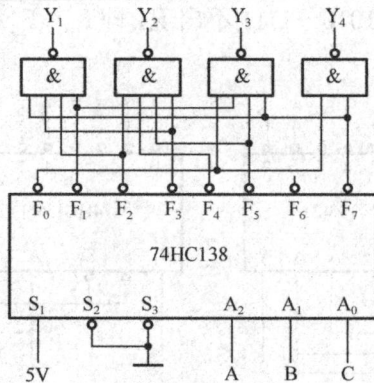

图 3-51 习题 3-16 的图

3-17 用 74HC138 和与非门实现下列逻辑函数。

（1）$Y_1 = \sum (m_3, m_4, m_5, m_6)$

（2）$Y_2 = \sum (m_0, m_2, m_6, m_8, m_{10})$

（3）$Y_3 = \sum (m_7, m_8, m_{13}, m_{14})$

（4）$Y_4 = \sum (m_1, m_3, m_4, m_9)$

解：要实现的逻辑函数输入变量为 4 变量，因此需要两片 74HC138 级联实现 4-16 线译码器，用级联后的译码器和与非门实现，电路如图 3-52 所示。

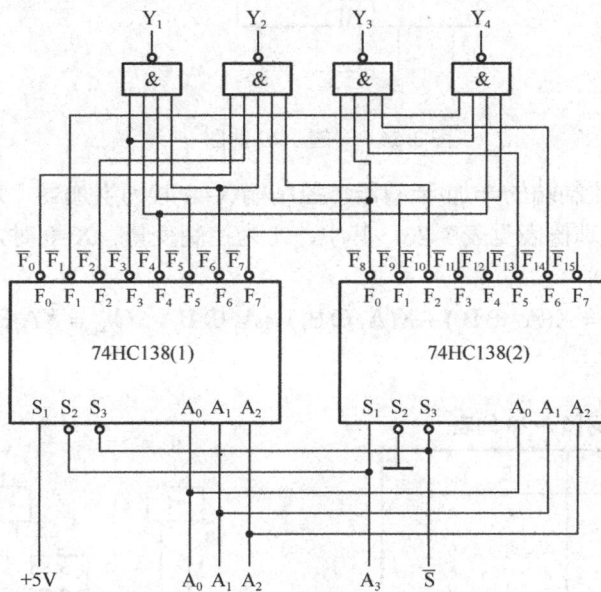

图 3-52　习题 3-17 的图

3-18 试用与非门实现半加器，写出逻辑函数表达式，画出逻辑图。

解：由半加器定义可知：

$$S_i = A_i \oplus B_i = A_i \overline{B_i} + \overline{A_i} B_i = \overline{\overline{A_i \overline{B_i}} \cdot \overline{\overline{A_i} B_i}}, \quad C_{i+1} = A_i B_i = \overline{\overline{A_i B_i}}$$

用与非门实现半加器的逻辑图如图 3-53 所示。

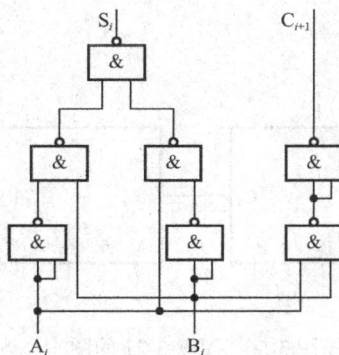

图 3-53　习题 3-18 的图

3-19 试用两个半加器和适当类型的门电路实现全加器。

解： 由全加器的逻辑函数表达式 $S_i = A_i \oplus B_i \oplus C_i$，$C_{i+1} = A_iB_i + C_i(A_i \oplus B_i)$ 和半加器的逻辑函数表达式 $S_i = A_i \oplus B_i$，$C_{i+1} = A_iB_i$ 可以画出用半加器实现全加器的逻辑图，如图 3-54 所示。

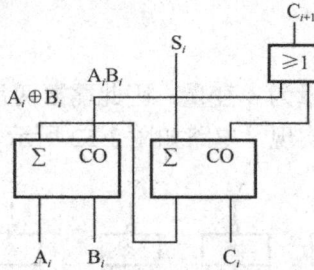

图 3-54 习题 3-19 的图

3-20 设计一个带控制端的半加/半减器，控制端 X=0 时为半加器，X=1 时为半减器。

解： 半加/半减器的真值表见表 3-26，其中，X 为控制变量，X=0 时，为半加；X=1 时，为半减。

由真值表可得，$S_i = \overline{X}(A_i \oplus B_i) + X(A_i \oplus B_i) = A_i \oplus B_i$，$C_{i+1} = \overline{X}A_iB_i + X\overline{A}_iB_i$，从而可画出逻辑图如图 3-55 所示。

表 3-26 习题 3-20 的表

X	A_i	B_i	S_i	C_{i+1}
0	0	0	0	0
0	0	1	1	0
0	1	0	1	0
0	1	1	0	1
1	0	0	0	0
1	0	1	1	1
1	1	0	1	0
1	1	1	0	0

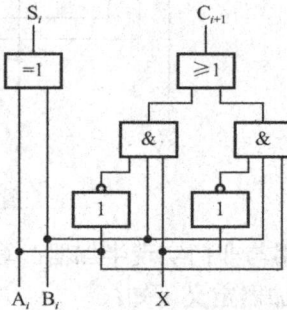

图 3-55 习题 3-20 的图

3-21 试用两片 74HC283 实现二进制数 11001010 和 11100111 的加法运算，要求画出逻辑图。

解： 逻辑图如图 3-56 所示。

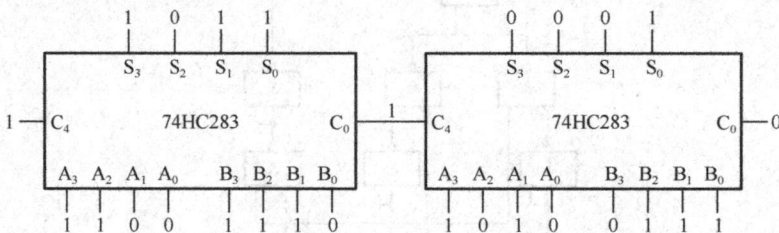

图 3-56 习题 3-21 的图

3-22 试用逻辑门设计一个满足表 3-27 要求的监督码产生电路。

表 3-27 习题 3-22 的表

数　　据			监　督　码	传　输　码			
A	B	C	W_{OD}	W_{OD}	A	B	C
0	0	0	1	1	0	0	0
0	0	1	0	0	0	0	1
0	1	0	0	0	0	1	0
0	1	1	1	1	0	1	1
1	0	0	0	0	1	0	0
1	0	1	1	1	1	0	1
1	1	0	1	1	1	1	0
1	1	1	0	0	1	1	1

解：由表 3-27 得

$$W_{OD} = \overline{A}\,\overline{B}\,\overline{C} + \overline{A}BC + A\overline{B}C + AB\overline{C}$$

$$= \overline{A}(\overline{B \oplus C}) + A(B \oplus C)$$

$$= \overline{A \oplus B \oplus C}$$

画出逻辑图如图 3-57 所示。

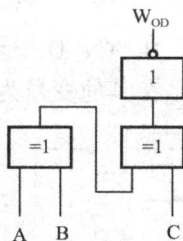

图 3-57　习题 3-22 的图

3-23　用与非门设计一个多功能运算电路，功能见表 3-28。

表 3-28　习题 3-23 的表

S_2	S_1	S_0	Y
0	0	0	1
0	0	1	A+B
0	1	0	$\overline{A \cdot B}$
0	1	1	$A \oplus B$
1	0	0	$\overline{A \oplus B}$
1	0	1	$A \cdot B$
1	1	0	$\overline{A+B}$
1	1	1	0

解：由表 3-28 可知，在 $S_2S_1S_0$ 取不同的组合值时，Y 共有 8 种输出。如果将 Y 的 8 种输出通过八选一数据选择器输入，则可实现题目要求。逻辑图如图 3-58 所示。

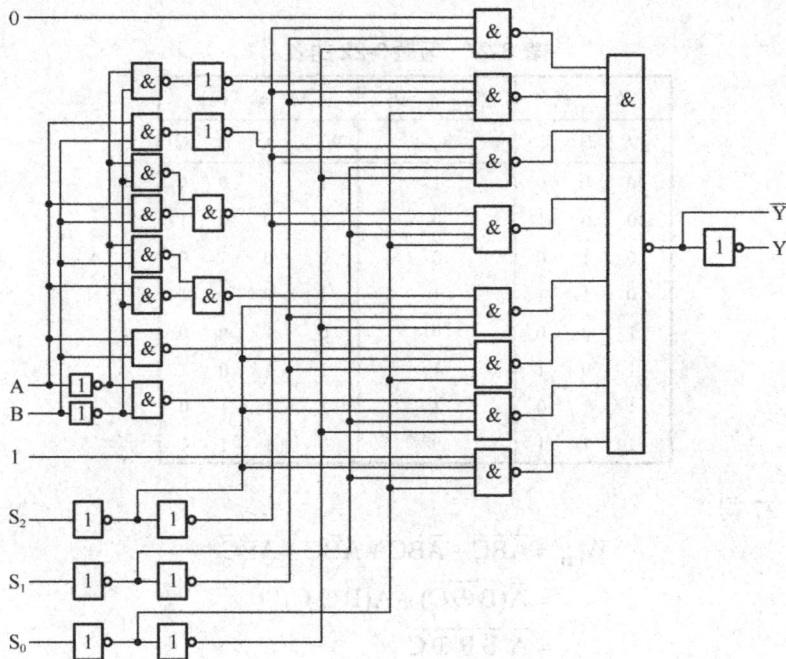

图 3-58　习题 3-23 的图

3-24　试分析图 3-59 电路中，当 A、B、C、D 中单独一个改变状态时，是否存在竞争-冒险现象？如果存在竞争-冒险现象，那么在其他变量为何种取值时发生？

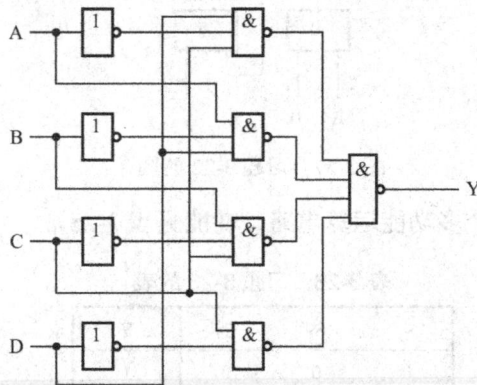

图 3-59　习题 3-24 的图

解： 变量 A、B、C、D 均经两条路径到达与非门的输入端 Y。由于存在门的传输延迟时间 t_{pd}，原变量和反变量由 1 变 0 或由 0 变 1 会滞后 t_{pd} 时间，使输出产生一个尖峰脉冲，存在竞争-冒险现象。

例如，由逻辑图写出输出的逻辑函数表达式 $Y = \overline{\overline{ACD} \cdot \overline{ABD} \cdot \overline{BC} \cdot \overline{CD}}$，由逻辑函数表达式可知，当 B=0，C=D=1 时，$Y = A + \overline{A}$，可能出现竞争-冒险现象。

3-25　用与非门实现下列函数，并检查有无竞争-冒险现象，若有，则设法消除。

（1）$Y_1 = \sum (m_2, m_6, m_8, m_9, m_{11}, m_{12}, m_{14})$

（2）$Y_2 = \sum (m_0, m_2, m_3, m_4, m_8, m_9, m_{14}, m_{15})$

（3）$Y_3 = \sum(m_1, m_5, m_6, m_7, m_{11}, m_{12}, m_{13}, m_{15})$

（4）$Y_4 = \sum(m_0, m_2, m_4, m_{10}, m_{12}, m_{14})$

解：将题中给定逻辑函数用卡诺图化简，分析是否有竞争-冒险现象。

（1）Y_1 的卡诺图如图 3-60 所示。

由卡诺图写出：$Y_1 = A\overline{C}D + A\overline{B}D + \overline{A}CD + BCD$。

当 A=1，D=0，B=1 时，$Y_1 = \overline{C} + C$，可能产生竞争-冒险现象。在 Y_1 中增加冗余项 $AB\overline{D}$、$\overline{A}B\overline{D}$，卡诺图如图 3-61 所示，使 $Y_1 = A\overline{C}D + A\overline{B}D + \overline{A}CD + BCD + AB\overline{D} + \overline{A}B\overline{D}$，从而消除竞争-冒险现象。

AB\CD	00	01	11	10
00				1
01				1
11	1			1
10	1	1	1	

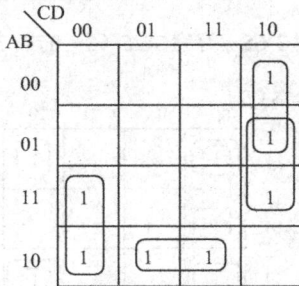

图 3-60　习题 3-25（1）的图 1

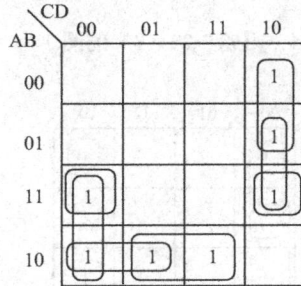

AB\CD	00	01	11	10
00				1
01				1
11	1			1
10	1	1	1	

图 3-61　习题 3-25（1）的图 2

（2）Y_2 的卡诺图如图 3-62 所示。

由卡诺图写出：$Y_2 = \overline{A}\overline{C}\overline{D} + \overline{A}BC + A\overline{B}\overline{C} + ABC$。

当 B=C=D=0 时，$Y_2 = \overline{A} + A$，可能产生竞争-冒险现象。在 Y_2 中增加冗余项 $\overline{B}\overline{C}\overline{D}$ 和 $\overline{A}B\overline{D}$，卡诺图如图 3-63 所示，使 $Y_2 = \overline{A}\overline{C}\overline{D} + \overline{A}BC + A\overline{B}\overline{C} + ABC + \overline{B}\overline{C}\overline{D}$，从而消除竞争-冒险现象。

AB\CD	00	01	11	10
00	1		1	1
01	1			
11			1	1
10	1	1		

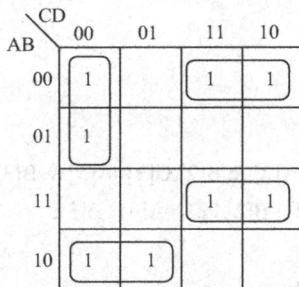

图 3-62　习题 3-25（2）的图 1

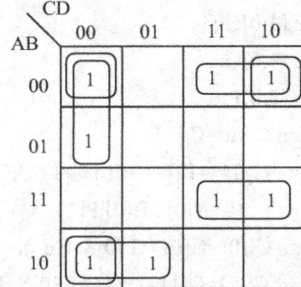

AB\CD	00	01	11	10
00	1		1	1
01	1			
11			1	1
10	1	1		

图 3-63　习题 3-25（2）的图 2

（3）Y_3 的卡诺图如图 3-64 所示。

由卡诺图写出：$Y_3 = \overline{A}CD + AB\overline{C} + \overline{A}BC + ABC$。

当 B=D=1，C=0 时，$Y_3 = \overline{A} + A$，可能产生竞争-冒险现象。在 Y_3 中增加冗余项 BD，使 $Y_3 = \overline{A}CD + AB\overline{C} + \overline{A}BC + ABC + BD$，卡诺图如图 3-65 所示，从而消除竞争-冒险现象。

（4）Y_4 的卡诺图如图 3-66 所示。

由卡诺图写出：$Y_4 = \overline{A}\overline{C}\overline{D} + B\overline{C}\overline{D} + AC\overline{D} + \overline{B}C\overline{D}$。

当 A=B=1，D=0 时，$Y_4 = \overline{C} + C$，可能产生竞争-冒险现象。在 Y_4 中增加冗余项 $AB\overline{D}$ 和 $\overline{A}\overline{B}\overline{D}$，使 $Y_4 = \overline{A}\overline{C}\overline{D} + B\overline{C}\overline{D} + AC\overline{D} + \overline{B}C\overline{D} + AB\overline{D}$，卡诺图如图 3-67 所示，从而消除竞争-冒险

现象。

用与非门实现的逻辑图略。

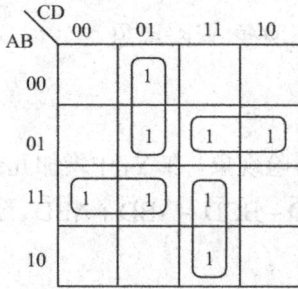

图 3-64 习题 3-25（3）的图 1

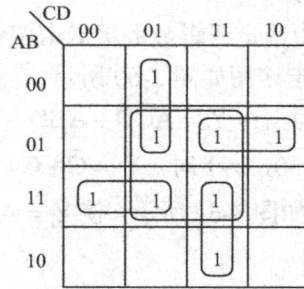

图 3-65 习题 3-25（3）的图 2

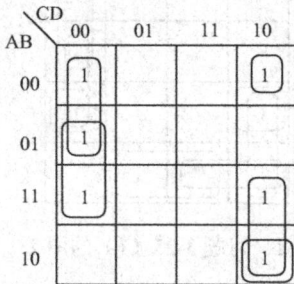

图 3-66 习题 3-25（4）的图 1

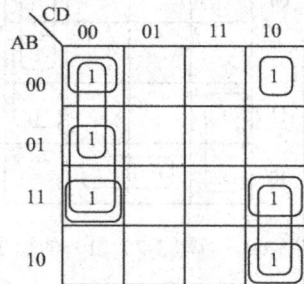

图 3-67 习题 3-25（4）的图 2

3-26 用 Verilog HDL 描述 4 位超前进位加法器。

解：源程序如下，仿真结果如图 3-68 所示。

```
module add_4(input[3:0] A, input[3:0] B,input Cin,output[3:0] S,output Cout);
    wire [3:0]Ci;
    wire [3:0]G;
    wire [3:0]P;
    assign Cout =Ci[3];
    assign G[0]=A[0] & B[0],G[1]=A[1] & B[1],G[2]=A[2] & B[2],G[3]=A[3] & B[3];
    assign P[0]= A[0] | B[0],P[1]=A[1] | B[1],P[2]=A[2] | B[2],P[3]=A[3] | B[3];
    assign Ci[0]=G[0] | (P[0]& Cin ),
        Ci[1]=G[1] | (P[1]&G[0])| (P[1]&P[0]&Cin),
        Ci[2]=G[2] | (P[2]&G[1]) | (P[2]&P[1]&G[0]) | (P[2]&P[1]&P[0]&Cin),
        Ci[3]=G[3] | (P[3]&G[2]) | (P[3]&P[2]&G[1]) | (P[3]&P[2]&P[1]&G[0]) | (
                P[3]&P[2]&P[1]&P[0]&Cin);
    assign S[3:0]=A[3:0]^B[3:0]^{Ci[2:0],Cin};
endmodule
```

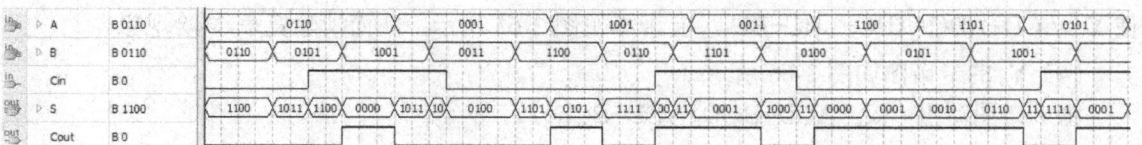

图 3-68 习题 3-26 的图

3-27 用 Verilog HDL 描述可控的 1 位全加/全减器。

解： 当控制量 con 为 1 时进行全加运算，为 0 时进行全减运算，其中 Cin 为进位或借位输入。源程序如下，仿真结果如图 3-69 所示。

```
module   add_sub(Cin,A,B,con,S,Cout);
    input     A;
    input     B;
    input     Cin;
    input     con;
    output       S;
    output   reg   Cout;
    wire       h;
    assign     h = A^B;
    assign     S = Cin^h;
    always @(con)
        begin
            if (con)
                Cout = (A&B)|(h&Cin);
            else
                Cout =(~A&(B^Cin)) | (B&Cin);
        end
    endmodule
```

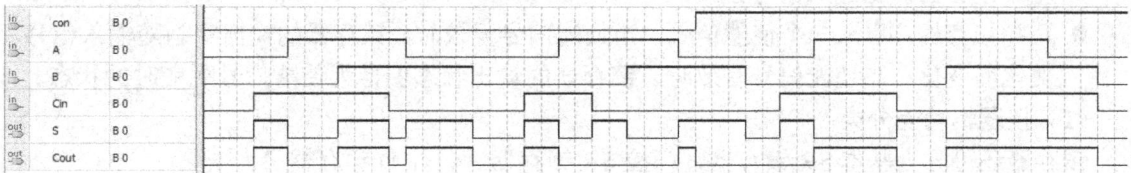

图 3-69 习题 3-27 的图

第 4 章　锁存器和触发器

4.1　学习要点

1. 锁存器和触发器的基本概念

锁存器和触发器是能够存储一位二进制数的逻辑电路，是时序电路的基本单元电路。锁存器和触发器都具有两个稳定状态，但两者也有区别。锁存器是对脉冲电平敏感的双稳态电路，它的特点是当锁存脉冲电平没有到来时，锁存器的输出状态随输入信号变化而变化；当锁存脉冲电平到达时，锁存器输出状态保持锁存信号跳变时的状态。而触发器的输入信号不直接改变输出状态，而是只有在时钟脉冲（CP）信号所确定的时刻，电路才被"触发"而动作，并由此刻的输入信号确定输出状态。

2. 锁存器的类型

（1）按电路结构分类
- 基本锁存器：由输入信号直接控制输出状态。
- 门控锁存器：引入一个使能信号，当使能信号无效时，锁存器的输出状态随输入信号变化而变化；当使能信号有效时，锁存器的输出状态保持为使能信号跳变时的状态。

（2）按逻辑功能分类
锁存器还可分为基本 SR 锁存器、门控 SR 锁存器、门控 D 锁存器等。

3. 触发器的类型

（1）按电路结构分类
- 基本触发器：由输入信号直接触发，无时钟控制端。
- 同步触发器：带有时钟控制端，属于电平触发，存在空翻问题。
- 主从触发器：主、从触发器由两个门控锁存器组成，它们轮流工作，属于脉冲（延迟）触发方式。
- 边沿触发器：边沿前接收信号，边沿处动作，属于边沿触发方式；无一次变化现象。主要产品有上升沿有效或下降沿有效的 JK 触发器。
- 维持阻塞触发器：与边沿触发器类似，通常为上升沿触发方式。主要产品是上升沿有效的 D 触发器。

（2）按逻辑功能分类
触发器还可分为 SR 触发器、JK 触发器、D 触发器和 T 触发器等。

4. 触发器逻辑功能的描述

触发器是具有记忆功能的基本单元电路，它具有两个稳态；在适当触发信号的作用下，可以从一个稳态翻转到另一个稳态。

稳态：电路中的电流和电压不随时间变化的状态。

初态：某个时钟脉冲作用前触发器的原状态。

次态：某个时钟脉冲作用后触发器的状态。

功能表：用表格形式表达，在一定控制输入下，在时钟脉冲作用后，触发器从初态向次态转化的规律。

激励表：用表格形式表达，在时钟脉冲作用下，要实现一定的状态变化，应有什么样的控制输入。

状态转换图：用图形形式表达，在时钟脉冲作用下，状态变化与控制输入之间的关系，也称状态图。

特性方程：用方程形式表达，在时钟脉冲作用下，次态 Q^* 与初态 Q、控制输入之间的函数关系。

时序图：按照时间的变化反映时钟脉冲、输入信号、触发器状态之间对应关系的波形。

5. 各种触发器的逻辑功能

（1）SR 触发器

特性方程：
$$\begin{cases} Q^{n+1} = S + \overline{R} \cdot Q^n \\ S \cdot R = 0 \text{（约束条件）} \end{cases}$$

式中，约束条件是指在正常工作时，不允许同时出现 S=1、R=1 的情况，必须保证 $S \cdot R = 0$。

SR 触发器的功能表见表 4-1，SR 触发器的激励表见表 4-2，激励表给出了当 Q^n 为某个状态，要求转移到确定的下一个状态 Q^{n+1} 时，所需加入的输入信号；用激励表可画出状态转换图，或者设计时序电路。

表 4-1　SR 触发器的功能表

S	R	Q^{n+1}
0	0	Q^n
0	1	0
1	0	1
1	1	不定

表 4-2　SR 触发器的激励表

$Q^n \rightarrow Q^{n+1}$		S	R
0	0	0	×
0	1	1	0
1	0	0	1
1	1	×	0

SR 触发器的状态转换图如图 4-1 所示。

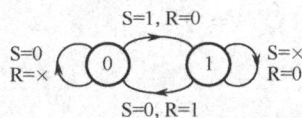

图 4-1　SR 触发器的状态转换图

（2）JK 触发器

特性方程：
$$Q^{n+1} = J \cdot \overline{Q}^n + \overline{K} \cdot Q^n$$

JK 触发器的功能表见表 4-3，JK 触发器的激励表见表 4-4。

JK 触发器的状态转换图如图 4-2 所示。

| | 表 4-3　JK 触发器的功能表 | | | | 表 4-4　JK 触发器的激励表 | | |
| | | | | | | | |

J	K	Q^{n+1}
0	0	Q^n
0	1	0
1	0	1
1	1	$\overline{Q^n}$

$Q^n \rightarrow Q^{n+1}$		J	K
0	0	0	×
0	1	1	×
1	0	×	1
1	1	×	0

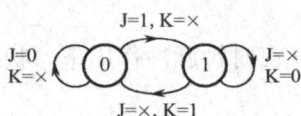

图 4-2　JK 触发器的状态转换图

（3）D 触发器

特性方程：
$$Q^{n+1} = D$$

D 触发器的功能表见表 4-5，D 触发器的激励表见表 4-6。

表 4-5　D 触发器的功能表	
D	Q^{n+1}
0	0
1	1

表 4-6　D 触发器的激励表	
$Q^n \rightarrow Q^{n+1}$	D
0　　0	0
0　　1	1
1　　0	0
1　　1	1

D 触发器的状态转换图如图 4-3 所示。

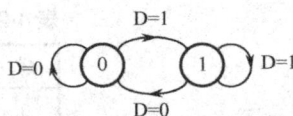

图 4-3　D 触发器的状态转换图

（4）T 触发器

特性方程：
$$Q^{n+1} = T \oplus Q^n$$

（5）T′触发器

特性方程：
$$Q^{n+1} = \overline{Q^n}$$

6. 各种触发器之间的相互转换

常见的集成触发器有 JK 触发器和 D 触发器，因此，经常需要将 JK 或 D 触发器转换为其他类型的触发器。转换的依据：触发器的逻辑功能在转换之前与转换之后等效。

实现触发器逻辑功能转换的方法如下。

代数转换法：比较两种触发器的特性方程，得出触发器的驱动方程。

激励表法：列出两种触发器的状态转换表，从而得到激励表和驱动方程。

4.2 教学要求

1. 理解锁存器和触发器的特点及区别。
2. 掌握锁存器的工作原理及应用。
3. 了解主从结构触发器、边沿触发器的电路结构及工作原理。
4. 掌握触发器逻辑功能的描述方法和各种触发器的逻辑功能及触发方式。
5. 掌握常用触发器间的功能转换。

4.3 解题指导

【例4-1】试画出图4-4所示电路在给定输入作用下的输出波形。设触发器的初始状态为0状态。

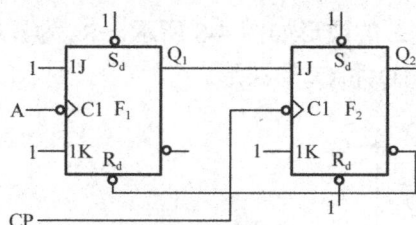

图 4-4 例 4-1 的图 1

解：本题触发器的同步和异步功能混在一起，因异步功能优先于同步功能，故应按照先异步、后同步的顺序进行，即异步功能不起作用时才按同步功能去考虑。当 $Q_2=1$ 时，将 F_1 清零，$Q_1=0$ 后，使 F_2 具备置 0 条件，一旦 CP 的下降沿来到，$Q_2=0$。$Q_2=0$ 时，将解除对 F_1 的直接清零作用，使 F_1 可以在 A 的下降沿来到时翻转。

该电路具有检测 A 下降沿的作用，每来一个 A 的下降沿，从 Q_2 输出一个高电平，宽度等于时钟周期。波形如图 4-5 所示。

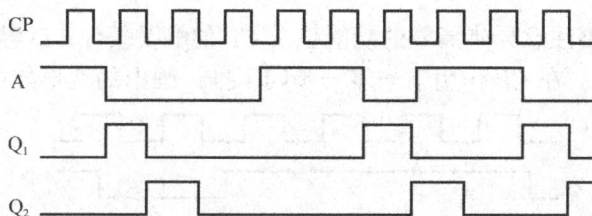

图 4-5 例 4-1 的图 2

【例4-2】画出图 4-6 所示电路在给定输入时钟（CP）作用下的输出波形。设触发器的初始状态为 0 状态。

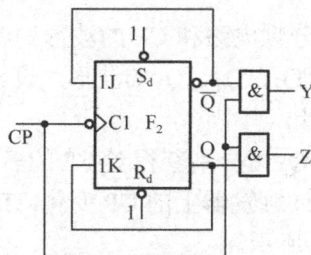

图 4-6 例 4-2 的图 1

解： 解此题不宜先假设触发器 Q 端为某个状态，应该先确定是何种功能的触发器。根据电路图可以由特征方程导出为 T′触发器。于是可以确定每来一个 CP 的下降沿触发器就翻转一次。从输出端 Y、Z 获得的是双向时钟，在电子电路中是一种很有用的时钟。具体输出波形如图 4-7 所示。

图 4-7 例 4-2 的图 2

【例 4-3】 已知电路及 CP、A 的波形如图 4-8 所示，$\overline{R}_d$ 为异步清零端。设触发器的初始状态均为 0 状态，试画出输出端 Q_1 和 Q_2 的波形。

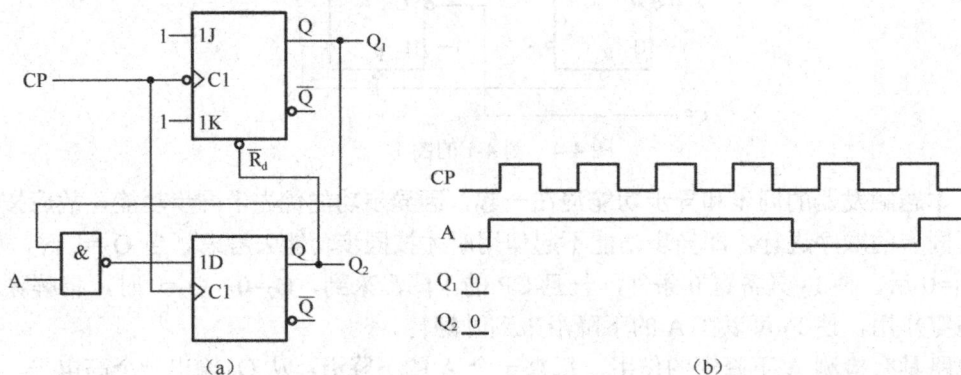

图 4-8 例 4-3 的图 1

解： 解此题特别需要注意异步清零的功能以及 CP 的触发条件，D 触发器为上升沿触发，JK 触发器为下降沿触发。在 CP 作用下一步一步向下推，画出的波形如图 4-9 所示。

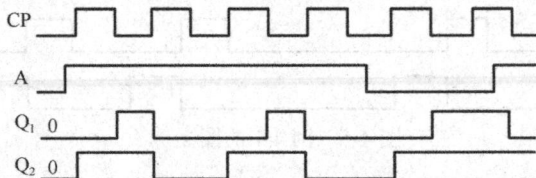

图 4-9 例 4-3 的图 2

【例 4-4】 D 触发器组成的可控分频电路和 CP 的波形如图 4-10 所示。回答下列问题：

（1）当控制信号 X=1 时，画出 Q_1、Q_2、Q_3 的波形。设触发器的初始状态均为 0 状态，触发器及门的传输延迟时间忽略不计。

（2）当 X 为 0 或 1 时，输出端 Q_3 可分别获得对 CP 的多少分频信号。

解： 解此题特别需要注意加到 D 触发器上的 CP 变化，D 触发器为上升沿触发。

（1）当 X=1 时，波形如图 4-11 所示。

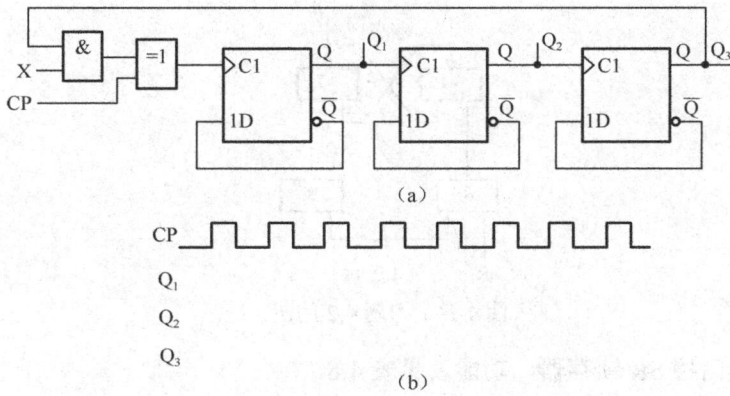

図4-10 例4-4的图1

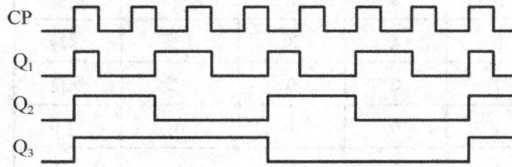

图4-11 例4-4的图2

（2）当 X=0 时，波形如图4-12所示。

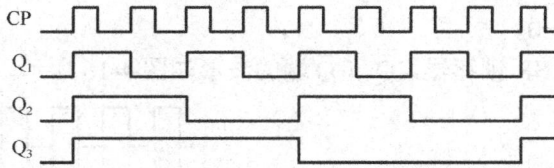

图4-12 例4-4的图3

可以得到：X=0 时，输出端 Q_3 可获得对 CP 的 8 分频信号；X=1 时，输出端 Q_3 可获得对 CP 的 7 分频信号。

4.4 习题解答

4-1 试用两个或非门组成基本 SR 锁存器。画出逻辑图，并标明输入端、输出端的文字符号。

解：真值表见表4-7，逻辑图和符号如图4-13所示。

表4-7 习题4-1的表

S	R	Q	$\overline{Q}$	功能
0	0	1或0	0或1	保持
0	1	0	1	置0
1	0	1	0	置1
1	1	0*	0*	不定

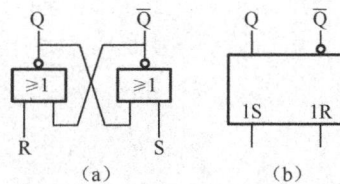

图4-13 习题4-1的图

4-2 由与门和或非门组成的电路图如图4-14所示。试分析其工作原理并列出功能表。

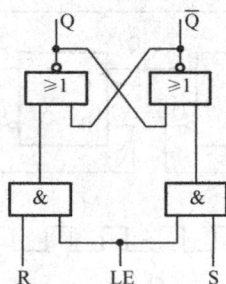

图 4-14 习题 4-2 的图

解： 该电路是门控 SR 锁存器，功能表见表 4-8。

表 4-8 习题 4-2 的表

LE	S	R	Q	功能
0	X	X	不变	保持
1	0	0	不变	保持
1	0	1	0	置0
1	1	0	1	置1
1	1	1	0*	不定

4-3 在图 4-14 所示的电路中，其输入端的信号波形如图 4-15 所示，试画出 Q 和 $\overline{Q}$ 端的波形。假设初始状态为 Q=0。

解： 该电路是门控的 SR 锁存器，Q 和 $\overline{Q}$ 端的波形如图 4-16 所示。

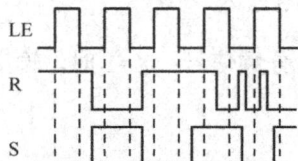

图 4-15 习题 4-3 的图 1

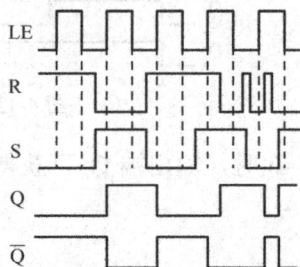

图 4-16 习题 4-3 的图 2

4-4 试用基本 SR 锁存器组成单脉冲发生器，说明其工作原理。

解： 逻辑图如图 4-17 所示，开关在位置 1 时，Q=0，$\overline{Q}$=1；开关在位置 2 时，Q=1，$\overline{Q}$=0。这样，开关往返扳动一次，从 Q 端输出一个正脉冲，$\overline{Q}$ 端得到一个负脉冲。

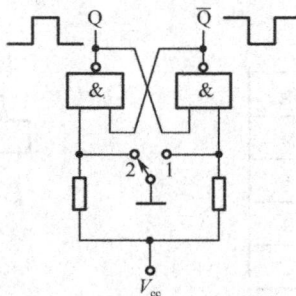

图 4-17 习题 4-4 的图

4-5 现有一个 CMOS 与非门和或非门，能否组成一个锁存器？画出逻辑图并列出功能表。

解：逻辑图如图 4-18 所示。由表 4-9 可以看出该电路不能置 0，不能构成锁存器。

表 4-9　习题 4-5 的表

X	Y	Q	$\overline{Q}$	功能
0	0	1	0	置 1
0	1	1	0	置 1
1	0	不变	不变	保持
1	1	1	0	置 1

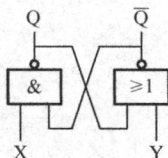

图 4-18　习题 4-5 的图

4-6 已知电路及输入信号波形如图 4-19 所示。试画出主从 D 触发器的 $\overline{Q}$、Q 端的波形，触发器初始状态为 0 状态。

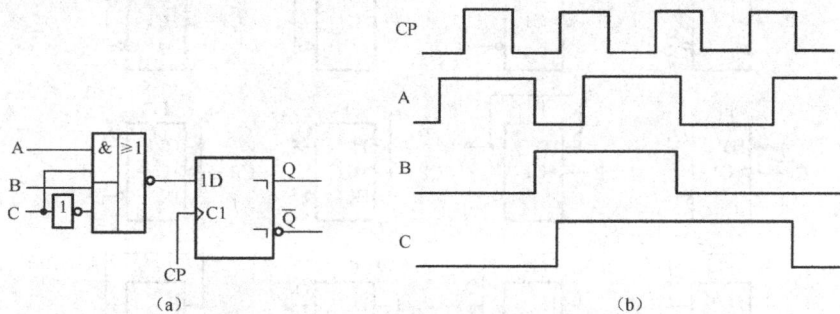

（a）　　　　　　　　　　　　　（b）

图 4-19　习题 4-6 的图 1

解：波形如图 4-20 所示。

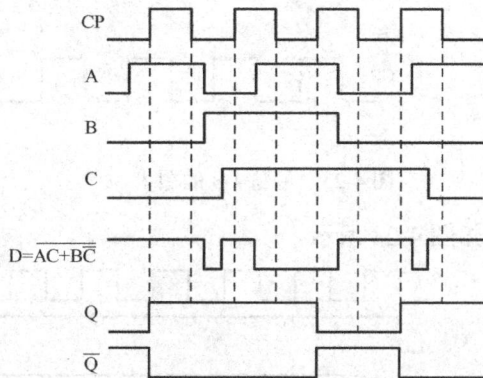

$D=\overline{AC}+\overline{B\overline{C}}$

图 4-20　习题 4-6 的图 2

4-7 试画出维持阻塞 D 型触发器在图 4-21 所示波形作用下的 Q 端的波形。触发器初始状态为 0 状态。

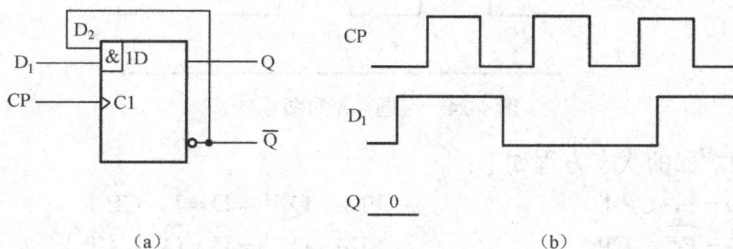

（a）　　　　　　　　　　　　　（b）

图 4-21　习题 4-7 的图 1

解： $D = D_1 D_2 = D_1 \overline{Q^n}$，$Q^{n+1} = D = D_1 \overline{Q^n}$。Q 端波形如图 4-22 所示。

图 4-22　习题 4-7 的图 2

4-8　试画出图 4-23 中各触发器 Q 端的波形。触发器初始状态均为 0 状态。

图 4-23　习题 4-8 的图 1

解： 各触发器 Q 端波形如图 4-24 所示。

图 4-24　习题 4-8 的图 2

可以写出各触发器的次态方程如下：

FF$_1$：$Q_1^{n+1} = D = 1$，CP ↑　　　　　　　　FF$_2$：$Q_2^{n+1} = D = 1$，CP ↓

FF$_3$：$Q_3^{n+1} = D = \overline{Q_3^n}$，CP ↑　　　　　　FF$_4$：$Q_4^{n+1} = D = \overline{Q_4^n}$，CP ↓

·76·

FF_5: $Q_5^{n+1} = D = 0$，$CP \uparrow$ FF_6: $Q_6^{n+1} = D = Q_6^n = 0$，$CP \uparrow$

FF_7: $Q_7^{n+1} = J\overline{Q_7^n} + \overline{K}Q_7^n = \overline{Q_7^n}$，$CP \uparrow$ FF_8: $Q_8^{n+1} = J\overline{Q_8^n} + \overline{K}Q_8^n = \overline{Q_8^n}$，$CP \downarrow$

FF_9: $Q_9^{n+1} = J\overline{Q_9^n} + \overline{K}Q_9^n = Q_9^n \cdot \overline{Q_9^n} = 0$，$CP \uparrow$

FF_{10}: $Q_{10}^{n+1} = J\overline{Q_{10}^n} + \overline{K}Q_{10}^n = \overline{Q_{10}^n} \cdot \overline{Q_{10}^n} + \overline{Q_{10}^n} \cdot Q_{10}^n = \overline{Q_{10}^n}$，$CP \downarrow$

FF_{11}: $Q_{11}^{n+1} = J\overline{Q_{11}^n} + \overline{K}Q_{11}^n = \overline{Q_{11}^n} + Q_{11}^n \cdot Q_{11}^n = 1$，$CP \downarrow$

FF_{12}: $Q_{12}^{n+1} = J\overline{Q_{12}^n} + \overline{K}Q_{12}^n = Q_{12}^n \cdot Q_{12}^n = 0$，$CP \downarrow$

FF_{13}: $Q_{13}^{n+1} = J\overline{Q_{13}^n} + \overline{K}Q_{13}^n = \overline{Q_{13}^n}$，$CP \downarrow$

4-9 试将 D 触发器转换成 T 触发器。

解：根据 $Q^{n+1} = T\overline{Q^n} + \overline{T}Q^n = T \oplus Q^n$，对比得

$$D = T \oplus Q^n$$

由此画出状态转换图如图 4-25 所示。

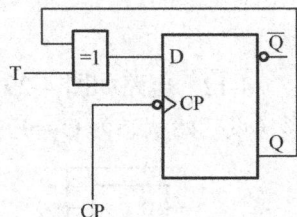

图 4-25　习题 4-9 的图

4-10　一个触发器的特性方程为 $Q^{n+1} = X \oplus Y \oplus Q^n$，试用 JK 触发器和 D 触发器来分别实现这个触发器。

解：用 JK 触发器实现：根据 $Q^{n+1} = T\overline{Q^n} + \overline{T}Q^n = T \oplus Q^n$，对比得 $J = K = T = X \oplus Y$。由此画出逻辑图如图 4-26（a）所示。

用 D 触发器实现：由特性方程 $Q^{n+1} = X \oplus Y \oplus Q^n$ 和 D 触发器的特性方程 $Q^{n+1} = D$，对比得 $D = X \oplus Y \oplus Q^n$。由此画出逻辑图如图 4-26（b）所示。

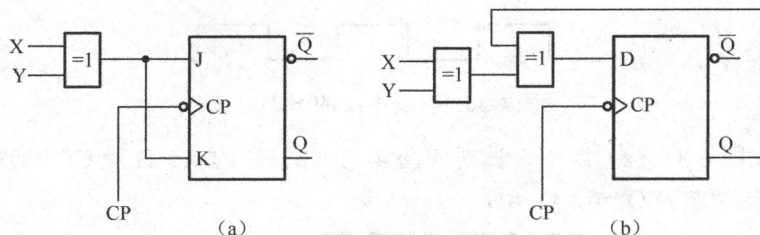

（a）   （b）

图 4-26　习题 4-10 的图

4-11　电路如图 4-27 所示，试对应 CP 的波形画出 A、B、Q_1、C、D、Q_2 各点的波形（设初始状态为 $Q_1 = Q_2 = 0$）。

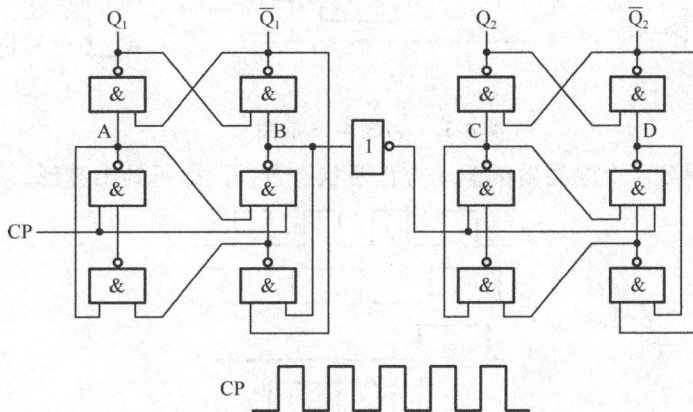

图 4-27　习题 4-11 的图 1

解：此题涉及两个维持阻塞 D 触发器在不同时钟作用下的动作过程，此时的 $D = \overline{Q}$。波形如图 4-28 所示。

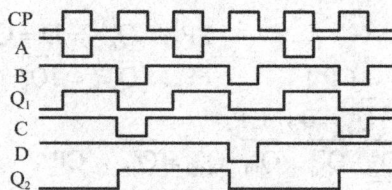

图 4-28 习题 4-11 的图 2

4-12 电路如图 4-29 (a) 所示，试对应图 4-29 (b) 中的 CP 的波形画出 Q_1 和 Q_2 的波形（设初始状态为 $Q_1=0$，$Q_2=0$）。

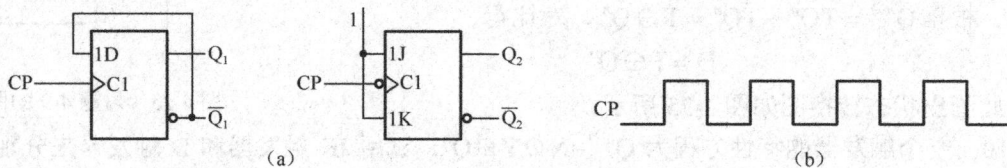

图 4-29 习题 4-12 的图 1

解：波形如图 4-30 所示。

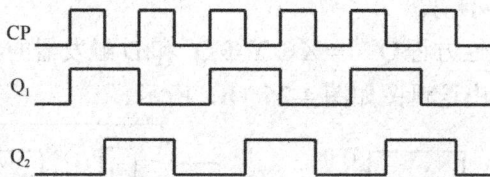

图 4-30 习题 4-12 的图 2

4-13 电路如图 4-31 (a) 所示，试对应图 4-31 (b) 中的 A、B 及 CP 的波形画出 Q_1 和 Q_2 的波形（设初始状态为 $Q_1=0$，$Q_2=0$）。

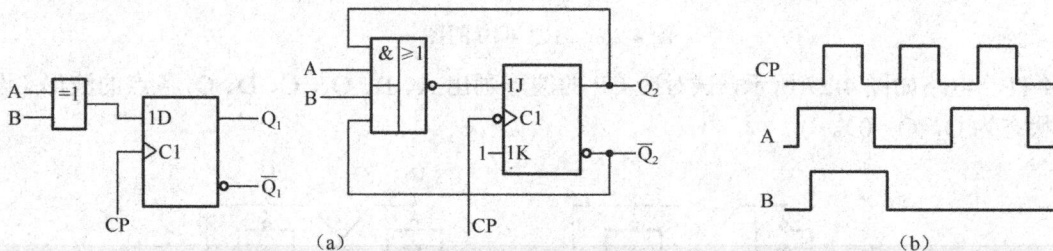

图 4-31 习题 4-13 的图 1

解：根据电路得到两个触发器的驱动方程及状态方程，即可画出波形，如图 4-32 所示。

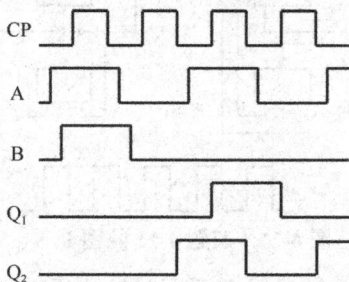

图 4-32 习题 4-13 的图 2

$$Q_1^{n+1} = D = A \oplus B, \quad CP\uparrow$$

$$J = \overline{AQ_2^n + B\overline{Q_2^n}} = \overline{AQ_2^n} \cdot \overline{B\overline{Q_2^n}}, \quad K = 1$$

$$Q_2^{n+1} = J\overline{Q_2^n} + \overline{K}Q_2^n, \quad CP\downarrow$$

4-14 由两个 JK 触发器组成的电路如图 4-33 所示，触发器初始状态为 0 状态，试画出在 A、CP 作用下 Q_1、Q_2 的波形。

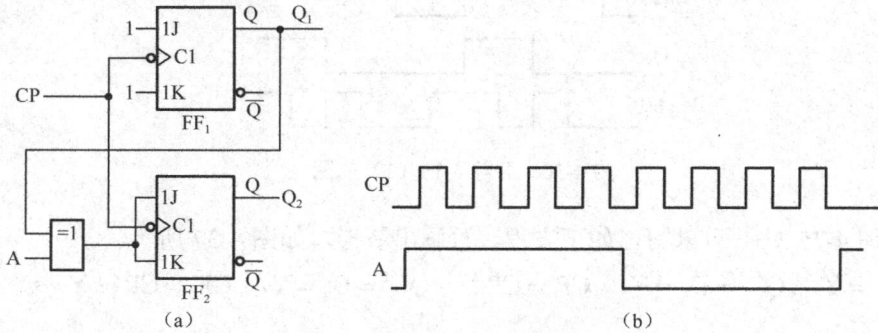

图 4-33 习题 4-14 的图 1

解：由电路写出各触发器的驱动方程、状态方程和时钟方程，再画出波形，如图 4-34 所示。

$$J_1 = K_1 = 1, \quad Q_1^{n+1} = \overline{Q^n}, \quad CP\downarrow$$

$$J_2 = K_2 = Q_1^n \oplus A, \quad Q_2^{n+1} = (Q_1^n \oplus A)\overline{Q_2^n} + \overline{Q_1^n \oplus A} \cdot Q_2^n, \quad CP\downarrow$$

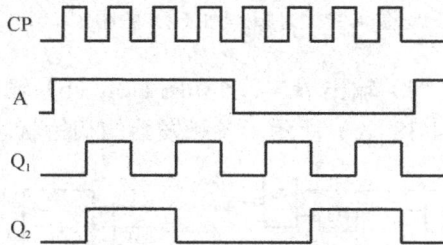

图 4-34 习题 4-14 的图 2

4-15 图 4-35（a）、（b）分别示出了由触发器和逻辑门构成的脉冲分频器电路，CP 的波形如图 4-35（c）所示，各触发器的初始状态皆为 0 状态。（1）试画出图 4-35（a）中 Q_1、Q_2 和 F 的波形。（2）试画出图 4-35（b）中 Q_1、Q_2 和 Y 的波形。

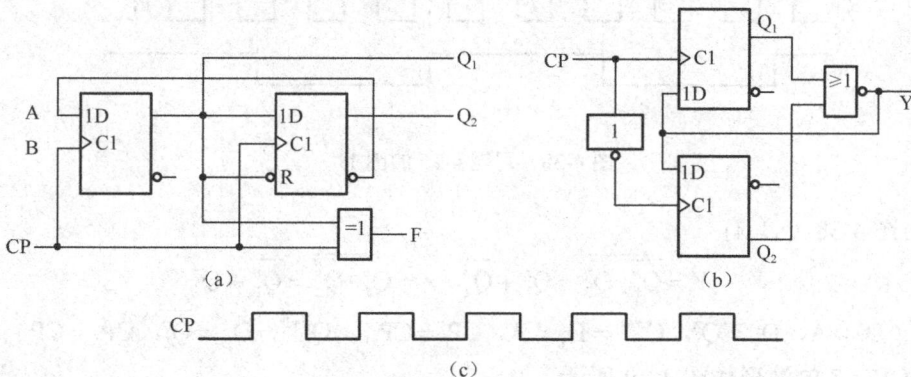

图 4-35 习题 4-15 的图

解：（1）由图4-35（a）可以写出如下方程，再画出波形，如图4-36所示。

$D_1 = \overline{Q_2^n}$，$Q_1^{n+1} = D_1 = \overline{Q_2^n}$，$CP_1 = CP\uparrow$；$D_2 = Q_1^n$，$Q_2^{n+1} = D_2 = Q_1^n$，$CP_2 = CP\uparrow$；$\overline{R} = Q_1^n$，对$Q_2$异步清0。$F = CP \oplus Q_1^n$。

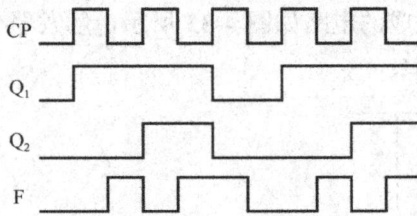

图4-36　习题4-15（1）的图

（2）由图4-35（b）可以写出如下方程，再画出波形，如图4-37所示。

$D_1 = D_2 = Y$，$Q_1^{n+1} = D_1 = Y$，$CP_1 = CP\uparrow$；$Q_2^{n+1} = D_2 = Y$，$CP_2 = CP\downarrow$；$Y = \overline{Q_1^n + Q_2^n}$。

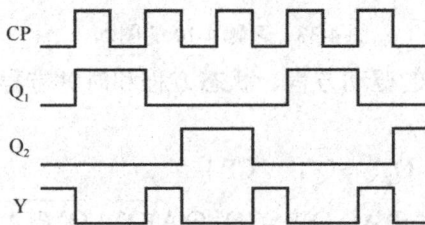

图4-37　习题4-15（2）的图

4-16　试分别画出图4-38（a）输出端Y、Z和图4-38（b）输出端Q_2的波形。输入信号A和脉冲信号CP的波形如图4-38（c）所示，各触发器的初始状态为0状态。

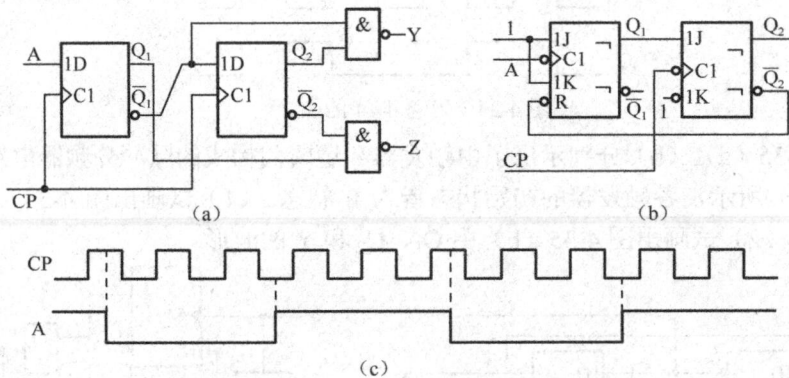

图4-38　习题4-16的图1

解：对图4-38（a）有

$$Y = \overline{\overline{Q_1^n} \cdot \overline{Q_2^n}} = Q_1^n + \overline{Q_2^n}, \quad Z = \overline{Q_1^n \cdot \overline{Q_2^n}} = \overline{Q_1^n} + Q_2^n$$

$$D_1 = A, \quad D_2 = \overline{Q_1^n}, \quad Q_1^{n+1} = D_1 = A, \quad CP_1 = CP\uparrow, \quad Q_2^{n+1} = D_2 = \overline{Q_1^n}, \quad CP_2 = CP\uparrow$$

所以，画出Y、Z的波形如图4-39所示。

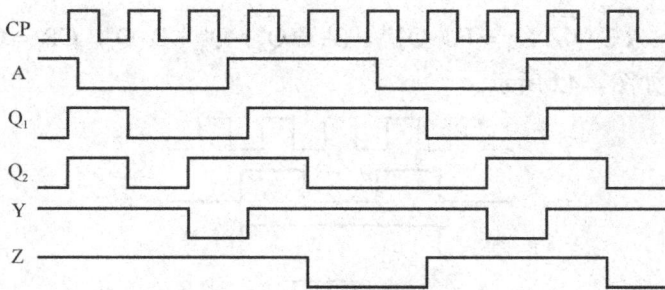

图 4-39　习题 4-16 的图 2

对图 4-38（b）有

$$J_1 = K_1 = 1, \quad Q_1^{n+1} = \overline{Q_1^n}, \quad CP_1 = A\downarrow; \quad \overline{R} = \overline{Q_2^n}, \quad 对Q_1清零$$

$$J_2 = Q_1^n, \quad K_2 = 1, \quad Q_2^{n+1} = Q_1^n \cdot \overline{Q_2^n}, \quad CP_2 = CP\downarrow$$

所以，画出 Q_2 的波形如图 4-40 所示。

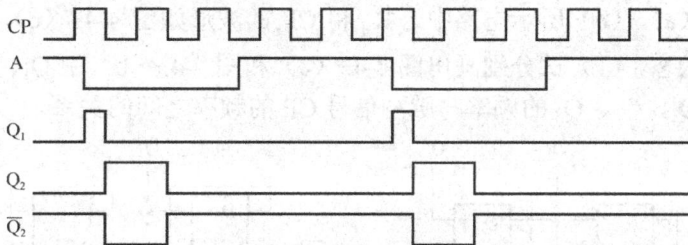

图 4-40　习题 4-16 的图 3

4-17　在图 4-41（a）所示各电路中，CP、A、B 的波形如图 4-41（b）所示。（1）写出触发器次态 Q^{n+1} 的逻辑函数表达式。（2）画出 Q_1、Q_2、Q_3、Q_4 的波形。假设各触发器初始状态均为 0 状态。

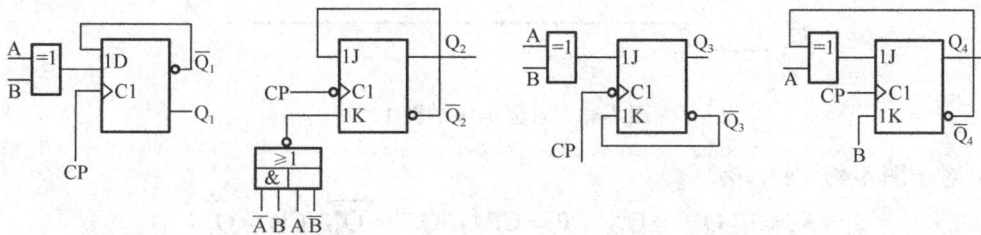

（a）

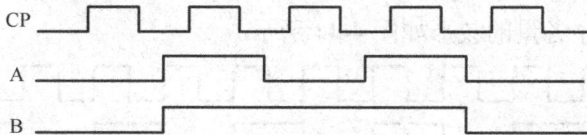

（b）

图 4-41　习题 4-17 的图 1

解：（1）各次态表达式如下：

$$D_1 = (A \oplus B) \cdot \overline{Q_1^n}, \quad Q_1^{n+1} = D_1 = (A \oplus B) \cdot \overline{Q_1^n}, \quad CP_1 = CP\uparrow$$

$$J_2 = \overline{Q_2^n}, \quad K_2 = \overline{\overline{AB} + A\overline{B}} = \overline{A \oplus B}, \quad Q_2^{n+1} = \overline{Q_2^n} + (A \oplus B)Q_2^n, \quad CP_2 = CP\downarrow$$

$$J_3 = A \oplus B, \quad K_3 = \overline{Q_3^n}, \quad Q_3^{n+1} = (A \oplus B) \cdot \overline{Q_3^n} + Q_3^n, \quad CP_3 = CP\downarrow$$

$$J_4 = A \oplus \overline{Q_4^n}, \quad K_4 = B, \quad Q_4^{n+1} = (A \oplus \overline{Q_4^n}) \cdot \overline{Q_4^n} + \overline{B} \cdot Q_4^n, \quad CP_4 = CP \uparrow$$

（2）各量的波形如图 4-42 所示。

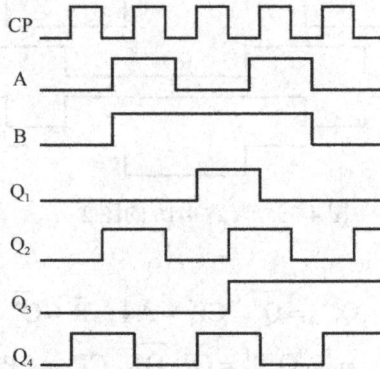

图 4-42 习题 4-17 的图 2

4-18 图 4-43（a）、（b）所示电路中，$\overline{R_d}$ 和 CP 的波形如图 4-43（c）所示，各触发器的初始状态均为 0 状态。（1）试分别画出图 4-43（a）和图 4-43（b）中 Q_1、Q_2、Q_3 的波形。（2）说明输出信号 Q_1、Q_2、Q_3 的频率与脉冲信号 CP 的频率之间的关系。

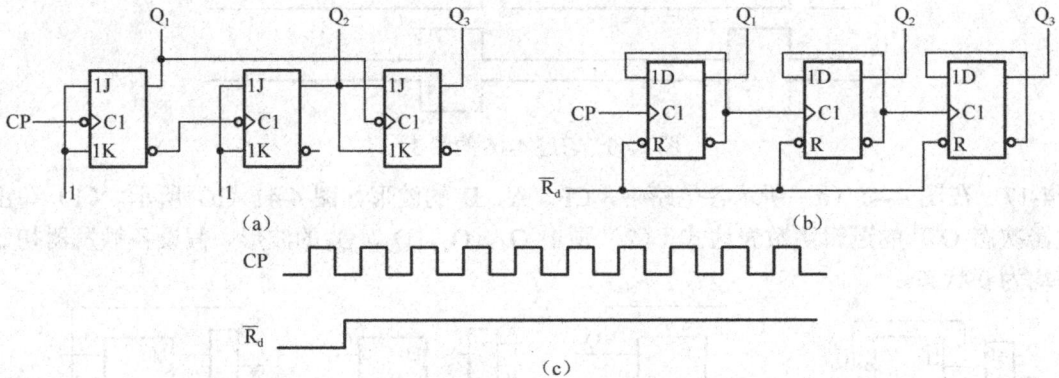

图 4-43 习题 4-18 的图 1

解：对于图 4-43（a），有

$$J_1 = K_1 = 1, \quad Q_1^{n+1} = \overline{Q_1^n}, \quad CP_1 = CP \downarrow, \quad Q_2^{n+1} = \overline{Q_2^n}, \quad CP_2 = \overline{Q_1^n} \downarrow$$

$$J_3 = Q_2^n, \quad K_3 = \overline{Q_2^n}, \quad Q_3^{n+1} = Q_2^n \cdot \overline{Q_3^n} + \overline{\overline{Q_2^n}} \cdot Q_3^n = Q_2^n \oplus Q_3^n, \quad CP_3 = Q_1^n \downarrow$$

（1）图 4-43（a）中各量的波形如图 4-44 所示。

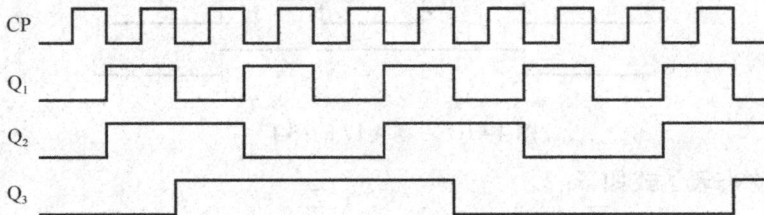

图 4-44 习题 4-18 的图 2

对于图 4-43（b），有

$$Q_1^{n+1} = \overline{Q_1^n}, \quad CP_1 = CP \uparrow; \quad Q_2^{n+1} = \overline{Q_2^n}, \quad CP_2 = \overline{Q_1^n} \uparrow$$

$$Q_3^{n+1} = \overline{Q_3^n}, \quad CP_3 = \overline{Q_2^n} \uparrow$$

图 4-43（b）中各量的波形如图 4-45 所示。

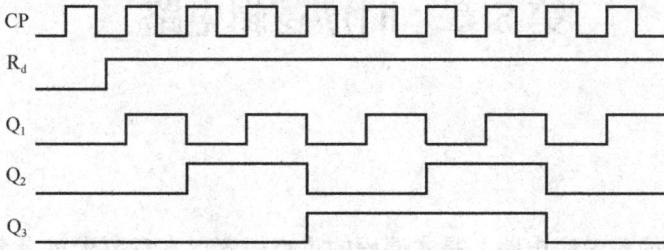

图 4-45 习题 4-18 的图 3

（2）分频关系：对 Q_1，f_1 与 CP 是 2 分频；对 Q_2，f_2 与 CP 是 4 分频；对 Q_3，f_3 与 CP 是 8 分频。

第5章 时序逻辑电路

5.1 学习要点

时序逻辑电路（简称时序电路）是本课程的重点内容。本章要求重点掌握时序电路的描述方法；掌握由触发器构成的时序电路的分析和设计方法；熟练掌握寄存器、移位寄存器和计数器等典型时序电路的功能和应用，并能利用中规模集成电路设计其他功能的时序电路。

1. 时序电路的特点及分类

（1）时序电路的特点

逻辑功能上的特点（时序电路定义）：任意一个时刻的稳定输出不仅取决于该时刻的输入，而且和电路原来的状态有关。

结构上的特点：时序电路中包含存储电路——通常由触发器构成；存储电路的输出和时序电路的输入间存在着反馈连接，这是时序电路区别于组合电路的重要特点之一。

（2）时序电路的分类

按时钟的接入方式（触发方式）分为两类：同步时序电路和异步时序电路。同步时序电路中，所有存储单元的状态由同一个时钟信号触发，即所有存储单元的状态转换发生在同一时刻。异步时序电路中，存储单元的状态转换不一定发生在同一时刻，存储单元的状态转换有先有后。

按输出方式分为米里型时序电路和莫尔型时序电路两类。米里型时序电路的输出状态与输入和现态有关；莫尔型时序电路的输出状态只与现态有关。米里型和莫尔型时序电路的框图分别如图 5-1 和图 5-2 所示。

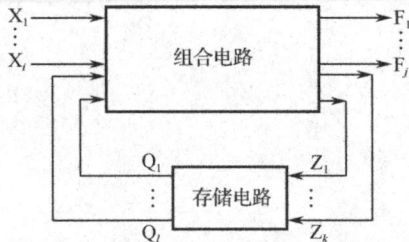

图 5-1 米里型时序电路的框图

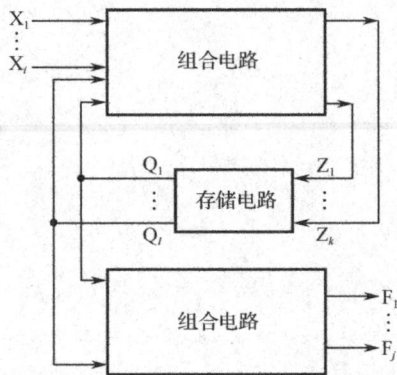

图 5-2 莫尔型时序电路的框图

2. 时序电路的描述方法

时序电路的逻辑功能描述方法有逻辑函数表达式、状态转换表、状态转换图、波形（工作波形）等。

（1）逻辑函数表达式

逻辑函数表达式包括输出方程、驱动方程和状态方程。根据图 5-1 可以写出：

输出方程为 $\qquad F(t_n)=W[X(t_n),Q(t_n)]$ $\qquad$ (5-1)

状态方程为 $\qquad Q(t_n+1)=G[Z(t_n),Q(t_n)]$ $\qquad$ (5-2)

驱动方程为 $\qquad Z(t_n)=H[X(t_n),Q(t_n)]$ $\qquad$ (5-3)

（2）状态转换表

状态转换表是描述时序电路在输入信号和时钟脉冲的作用下，电路的现态、次态和输出转换关系的表格。将任何一组输入变量及电路的初始状态的取值代入状态方程和输出方程，即可计算出电路的次态值和相应的输出值，然后继续这个过程，直到考虑了所有可能的状态为止。将这些计算结果列成真值表的形式，就得到了状态转换表。

（3）状态转换图

状态转换图是反映时序电路状态转换关系、相应的输入和输出变量取值的几何图形。

（4）波形

波形是在输入信号和时钟脉冲的作用下，反映电路的输出及存储电路状态随时间变化的波形。波形直观地表达了时序电路中各信号在时间上的对应关系，适合用实验观察的方法检查电路的逻辑功能。

时序电路的现态和次态是由构成该时序电路的存储电路（一般由触发器组成）的现态和次态分别表示的，可采用分析触发器的有关方法，列出时序电路的状态表，画出时序电路的卡诺图、状态转换图和波形。

3．时序电路的分析

分析一个时序电路就是要找出给定电路的逻辑功能。对于具体电路而言，就是通过分析找出电路的状态和电路的输出在输入信号和时钟信号作用下的变化规律。逻辑图本身虽然是时序电路逻辑功能的描述方法之一，但是它不能直观地表示电路的逻辑功能，因此需要用逻辑函数表达式、状态转换表、状态转换图和波形等比较直观的形式表示，即时序电路的分析。

时序电路的分析步骤一般如下。

（1）分析电路组成，写逻辑函数表达式

根据给定电路写出时钟方程、驱动方程和输出方程。

（2）求状态方程

将驱动方程代入触发器特性方程，求出状态方程。

（3）进行状态及输出的计算

利用状态方程和输出方程进行计算，并列出状态转换表或画出状态转换图。

（4）概括逻辑功能

用文字描述给定时序电路的功能。

以上分析步骤适用于任何由触发器和门电路组成的时序电路。但并不是任何时序电路都需要遵循上述步骤，分析实际电路时可加以取舍。对于异步时序电路，由于各触发器的时钟脉冲信号不同，所以一般要写出各个触发器时钟脉冲信号的逻辑函数表达式；对于触发器的状态方程，除了考虑驱动信号，还要考虑是否有时钟脉冲信号作用。

4．时序电路的设计

时序电路的设计是分析的逆过程，已知设计要求，求满足要求的逻辑电路。

时序电路设计步骤如下。

（1）根据给定的实际问题，进行逻辑抽象，画出状态转换图或列出状态转换表。

（2）状态化简。若有两个或两个以上的状态在相同输入条件下有相同的输出和相同的次态，这些状态即为等价状态。状态化简就是合并等价状态，减少状态数量，简化电路。

（3）确定要使用的触发器的数量、类型、状态分配（状态编码）。

如果电路的状态数量为 M，则可根据 $2^n \geq M > 2^{n-1}$ 来确定触发器的数量 n。

（4）求出驱动方程和输出方程。

（5）按照驱动方程和输出方程画出逻辑图。

（6）检查所设计的电路能否自启动。

电路在进入任何无效状态后，能在时钟脉冲信号的作用下自动进入有效循环，则称该电路能自启动。如果电路不能自启动，则通过修改设计使之能进入有效循环中的某个状态，重新求出驱动方程和输出方程，画出逻辑图。

时序电路的设计要求设计者从实际逻辑问题出发，设计出满足要求的逻辑电路。实际逻辑问题描述的形式多种多样，要求设计者认真仔细地分析逻辑问题，进行逻辑抽象，将逻辑功能的语言描述准确地转化为状态转换图或状态转换表等逻辑功能描述方式。逻辑抽象是整个设计过程的关键，是正确完成整个设计的基础。

5. 常用中规模集成时序电路

（1）寄存器

在数字系统和计算机中，经常要把一些数据暂时存放起来，等待处理。寄存器就是能暂时寄存数据的逻辑器件。寄存器内部的记忆单元是触发器。一个触发器可以存储 1 位二进制数，N 个触发器就可以存储 N 位二进制数。主要的数码寄存器及移位寄存器介绍如下。

① 数码寄存器

数码寄存器的功能是存储（二进制）代码，并可输出所存的代码。数码寄存器要求所存的代码与输入代码相同，故一般由 D 触发器构成。

② 移位寄存器

移位寄存器不仅可以存储代码，还可以将代码移位，实现并入-并出、并入-串出和串入-串出等多种数据传送方式。4 位双向移位寄存器 74HC194 具有并行数据输入、保持、异步清零及左移、右移等功能，a、b、c、d 为并行数据输入端，$Q_A \sim Q_D$ 为并行数据输出端，SR 为数据右移串行输入端，SL 为数据左移串行输入端，$\overline{R}_d$ 为清零端，S_1、S_0 为移位寄存器的工作方式控制信号，在时钟脉冲 CP 的作用下可以实现移位等功能。74HC194 的工作状态见表 5-1。

表 5-1 74HC194 的工作状态表

$\overline{R}_d$	S_1	S_0	工 作 状 态
0	×	×	清零 $Q_AQ_BQ_CQ_D$=0000
1	0	0	保持
1	0	1	右移 $SR \to Q_A \to Q_B \to Q_C \to Q_D$
1	1	0	左移 $Q_A \leftarrow Q_B \leftarrow Q_C \leftarrow Q_D \leftarrow SL$
1	1	1	送数 $Q_AQ_BQ_CQ_D$=abcd

（2）计数器

计数器具有记忆输入脉冲个数的功能。计数器是现代数字系统中不可缺少的组成部分，主要用于计数、定时、分频和进行数字计算等，例如，各种数字仪表（万用表、测温表），各种数字表、钟等。集成计数器分为 74160、74HC161 等。

① 二进制计数器 74HC161

74HC161 是异步清零、同步预置数的 4 位同步二进制计数器。

74HC161 的计数是在时钟脉冲 CP 的上升沿完成的。$\overline{L}_D$ 为预置数控制信号，低电平有效；P 和 T 为使能控制信号；$\overline{C}_r$ 为同步清零（复位）信号，低电平有效；$D_0 \sim D_3$ 为数据输入信号，$Q_0 \sim Q_3$ 为计数输出信号，Q_{CC} 为进位输出信号。

74HC161 的主要逻辑功能如下。

- 清零：当 $\overline{C}_r$=0 时，计数器的 4 个输出端 $Q_0 \sim Q_3$ 被置为低电平，即清零。
- 预置数（送数）：在 $\overline{L}_D$=0 条件下，当 CP 上升沿到来时，计数器将数据输入端的 $D_0 \sim D_3$ 装载到计数器中，即 $Q_0Q_1Q_2Q_3 = D_0D_1D_2D_3$。
- 计数：在 $\overline{L}_D = \overline{C}_r$=1，P=T=1 条件下，在 CP 上升沿到来时，计数器按 4 位二进制的加法规律进行计数。当计数值 $Q_3Q_2Q_1Q_0$=1111 时，进位输出信号 Q_{CC}=1。再输入一个计数 CP，计数值输出由 1111 返回到 0000 状态，并且 Q_{CC} 由 1 变为 0。
- 保持：当 $\overline{L}_D = \overline{C}_r$=1 时，若使能控制信号 P 或 T 为 0，则计数器的状态保持不变。

74HC161 的功能表见表 5-2。

表 5-2　74HC161 的功能表

输　入									输　出			
$\overline{C}_r$	$\overline{L}_D$	P	T	CP	D_0	D_1	D_2	D_3	Q_0	Q_1	Q_2	Q_3
L	×	×	×	×	×	×	×	×	L	L	L	L
H	L	×	×	↑	D_0	D_1	D_2	D_3	D_0	D_1	D_2	D_3
H	H	H	H	↑	×	×	×	×	计数			
H	H	L	×	×	×	×	×	×	保持			
H	H	×	L	×	×	×	×	×	保持			

② 十进制计数器 74160

74160 是可预置数的同步 BCD 码十进制计数器。其引脚排列图、逻辑符号及逻辑功能与74HC161 的相同。

计数时，在 $\overline{L}_D = \overline{C}_r$=1，P=T=1 条件下，随着 CP 上升沿的到来，计数值加 1。当计数值 $Q_3Q_2Q_1Q_0$=1001 时，进位输出信号 Q_{CC}=1。再输入一个计数 CP，计数值输出由 1001 返回到 0000 状态，并且 Q_{CC} 由 1 变为 0。74160 的功能表见表 5-3。

表 5-3　74160 的功能表

输　入									输　出			
$\overline{C}_r$	$\overline{L}_D$	E_P	E_T	CP	D_0	D_1	D_2	D_3	Q_0	Q_1	Q_2	Q_3
L	×	×	×	×	×	×	×	×	L	L	L	L
H	L	×	×	↑	D_0	D_1	D_2	D_3	D_0	D_1	D_2	D_3
H	H	H	H	↑	×	×	×	×	计数			
H	H	L	×	×	×	×	×	×	保持			
H	H	×	L	×	×	×	×	×	保持			

③ 异步二-五-十进制计数器 74290

74290 包含两个计数器：一个是由 FF_0 构成的一位二进制计数器，另一个是由 FF_1、FF_2、FF_3 构成的五进制计数器。它们独立使用时，分别是二进制计数器和五进制计数器。当计数 CP 从 CP_1 输入，Q_0 接到 CP_2 端，$Q_3 \sim Q_0$ 为计数器输出时，构成了 8421 编码的十进制加法计数器。而当计数 CP 从 CP_2 端输入，Q_3 接 CP_1 端，$Q_3 \sim Q_0$ 为计数器输出时，则构成了 5421 编码的十进制加法计数器。

74290 的功能表见表 5-4。

表 5-4　74290 的功能表

输　　　入						输　　　出			
$R_{0(1)}$	$R_{0(2)}$	$S_{9(1)}$	$S_{9(2)}$	CP_1	CP_2	Q_3	Q_2	Q_1	Q_0
1	1	0	×	×	×	0	0	0	0
1	1	×	0	×	×	0	0	0	0
0	×	1	1	×	×	1	0	0	1
×	0	1	1	×	×	1	0	0	1
有 0		有 0		CP	0	二进制计数			
				0	CP	五进制计数			
				CP	Q_0	8421 编码十进制加法计数			
				Q_3	CP	5421 编码十进制加法计数			

6. 中规模集成计数器构成任意进制计数器的设计

利用中规模集成计数器可以构成任意进制计数器，其设计方法归纳起来有乘数法、复位法和置数法。

（1）乘数法

将两个计数器串接起来，即计数 CP 接到 N 进制计数器的时钟输入端，N 进制计数器的输出端接到 M 进制计数器的时钟输入端，则两个计数器一起构成了 $N \times M$ 进制计数器。74290 就是典型例子，二进制和五进制计数器（2×5=10）可以构成十进制计数器。

（2）复位法

用复位法构成 N 进制计数器所选用的中规模集成计数器的计数长度必须大于 N。当输入 N 个计数 CP 后，计数器应回到全 0 状态。可以通过以下两种方法实现复位。

置零复位法：利用 $\overline{C}_r = 0$ 时 $Q_3Q_2Q_1Q_0 = 0000$，使计数器回到全 0 状态。

预置端送 0：使计数器数据输入全 0，当第 $N-1$ 个计数 CP 到达后，让预置数控制信号 $\overline{L}_D = 0$，当第 N 个计数 CP 到来时，$Q_3Q_2Q_1Q_0 = 0000$，使计数器回到全 0 状态。

（3）置数法

置数法就是对计数器进行预置数。在计数器计到最大数时，置入计数器状态转换图中的最小数，作为计数循环的起点。也可以在计数器计到某个数之后，置入最大数，然后接着从 0 开始计数。

如果用 N 进制计数器构成 M 进制计数器，需要跳过 $N-M$ 个状态，或者在 N 进制计数器计数长度中间跳过 $N-M$ 个状态。

5.2 教学要求

1. 了解时序电路的特点、描述方法。
2. 掌握计数器、寄存器等常用时序电路的工作原理、逻辑功能和使用方法。
3. 掌握基于中规模集成电路的时序电路的分析与设计方法。
4. 掌握基于触发器的时序电路的分析与设计方法。
5. 掌握基于 Verilog HDL 的时序电路分析与设计方法。

5.3 解题指导

本章题型主要涉及时序电路的分析和设计，包括由触发器和门电路构成的时序电路和以中规模集成电路为核心构成的时序电路。这两类时序电路的分析和设计方法有所不同。

【例 5-1】分析图 5-3 所示的电路，画出电路的状态转换图，说明电路能否自启动。

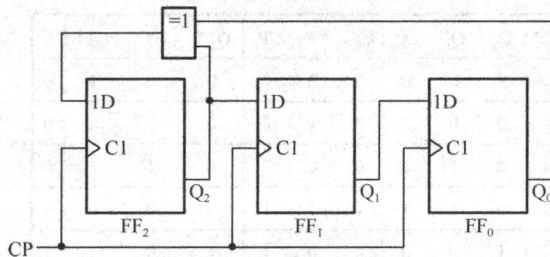

图 5-3　例 5-1 的图 1

解：根据图 5-3 所示的逻辑图可得状态方程：

$$Q_0^{n+1} = D_0 = Q_1^n, \quad Q_1^{n+1} = D_1 = Q_2^n, \quad Q_2^{n+1} = D_2 = Q_0^n \oplus Q_2^n$$

由状态方程计算得到状态转换表见表 5-5。

由表 5-5 画出状态转换图如图 5-4 所示。由此得出结论，电路的循坏长度为 7，不能自启动。

表 5-5　例 5-1 的表

Q_2^n	Q_1^n	Q_0^n	Q_2^{n+1}	Q_1^{n+1}	Q_0^{n+1}
0	0	0	0	0	0
0	0	1	1	0	0
1	0	0	1	1	0
1	1	0	1	1	1
1	1	1	0	1	1
0	1	1	1	0	1
1	0	1	0	1	0
0	1	0	0	0	1

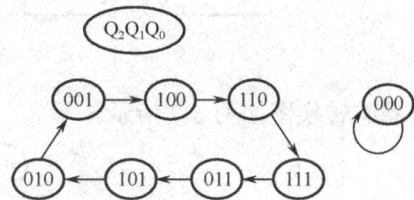

图 5-4　例 5-1 的图 2

【例 5-2】时序电路如图 5-5 所示，分析电路的功能，写出驱动方程、状态方程，列出状态转换表，画出 $Q_2Q_1Q_0$ 的波形和状态转换图，说明电路的功能，是否能自启动。假设初始状态为 000。

解：驱动方程为 $J_0 = \overline{Q_2^n Q_1^n} = \overline{Q_2^n} + \overline{Q_1^n}$，$K_0=1$；$J_1=K_1=1$；$J_2=Q_1^n$，$K_2=1$；$Q_0^{n+1} = \overline{Q_2^n} \cdot \overline{Q_0^n} = \overline{Q_1^n} \cdot \overline{Q_0^n}$，$CP_0=CP$；$Q_1^{n+1} = \overline{Q_1^n}$，$CP_1 = \overline{\overline{Q_0^n} \cdot \overline{CP \cdot Q_2^n \cdot Q_1^n}} = Q_0 + CP \cdot Q_2^n \cdot Q_1^n$；$Q_2^{n+1} = Q_1^n \overline{Q_2^n}$，$CP_2=Q_1^n$。

输出方程为 $F=Q_2^n$。

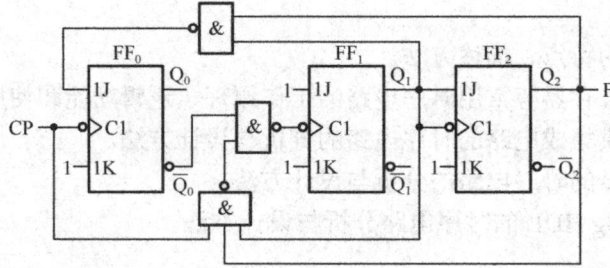

图 5-5　例 5-2 的图 1

只有当触发器的 CP 到来时，触发器才动作，否则保持不变。列出状态转换表见表 5-6，其中，CP 下降沿用 ↓ 表示，无效时钟信号用 0 表示。

表 5-6　例 5-2 的表

CP	Q_2^n	Q_1^n	Q_0^n	CP_2	CP_1	CP_0	Q_2^{n+1}	Q_1^{n+1}	Q_0^{n+1}	F
↓	0	0	0	0	0	↓	0	0	1	0
↓	0	0	1	0	↓	↓	0	1	0	0
↓	0	1	0	0	0	↓	0	1	1	0
↓	0	1	1	↓	↓	↓	1	0	0	0
↓	1	0	0	0	0	↓	1	0	1	1
↓	1	0	1	0	↓	↓	1	1	0	1
↓	1	1	0	↓	↓	↓	0	0	0	1
↓	1	1	1	↓	↓	↓	0	0	0	1

波形如图 5-6 所示。

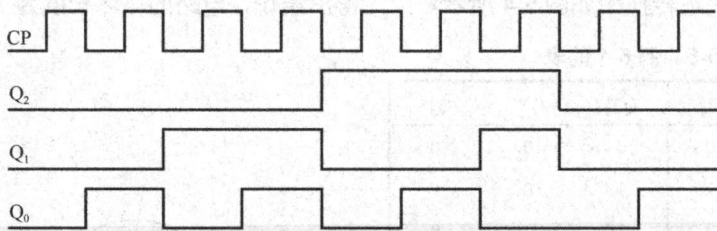

图 5-6　例 5-2 的图 2

状态转换图如图 5-7 所示。

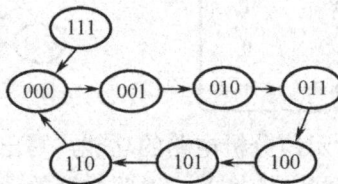

图 5-7　例 5-2 的图 3

因此可判断该电路为异步七进制计数器，能自启动。输出信号在 100、101 和 110 时给出高电平。

【例5-3】分析图5-8所示由74HC161和四选一数据选择器构成的时序电路的功能，画出F的波形，并用必要数量的JK触发器和最少量的门电路完成与该电路相同的逻辑功能。

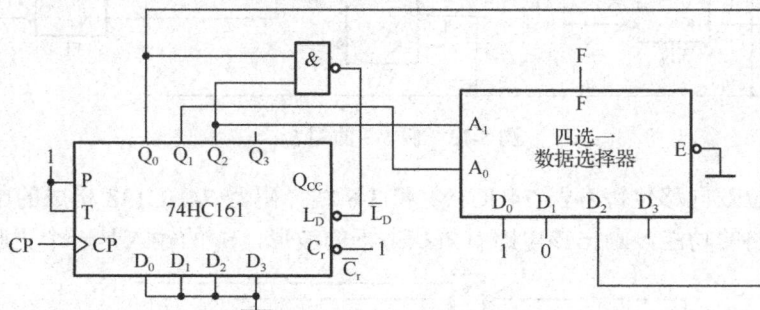

图 5-8　例 5-3 的图 1

解：74HC161 构成六进制计数器，F 输出 110001。F 的波形如图 5-9 所示。

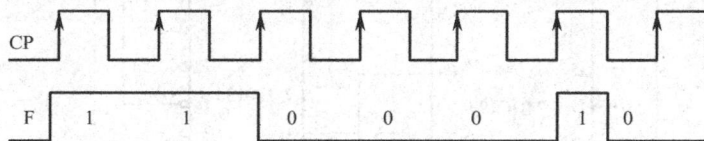

图 5-9　例 5-3 的图 2

74HC161 和四选一数据选择器构成序列发生电路，其状态转换表如表 5-7 所示。

由此状态转换表可以得到次态卡诺图，如图 5-10 所示。

表 5-7　例 5-3 的表

Q_2	Q_1	Q_0	F
0	0	0	1
0	0	1	1
0	1	0	0
0	1	1	0
1	0	0	0
1	0	1	1

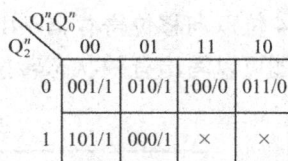

图 5-10　例 5-3 的图 3

各个次态的卡诺图如图 5-11 所示。

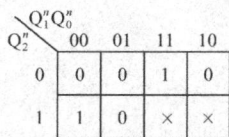

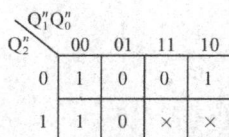

（a）Q_2的次态卡诺图　　（b）Q_1的次态卡诺图　　（c）Q_0的次态卡诺图　　（d）输出F的卡诺图

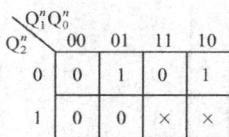

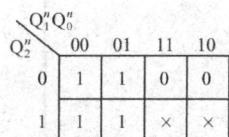

图 5-11　例 5-3 的图 4

由次态卡诺图可得

$$Q_0^{n+1} = \overline{Q_0^n}, \qquad\qquad J_0 = K_0 = 1$$

$$Q_1^{n+1} = Q_0 \overline{Q_2^n} \cdot \overline{Q_1^n} + \overline{Q_0^n} Q_1^n, \quad J_1 = \overline{(\overline{Q_0^n} + Q_2^n)}, \qquad K_1 = Q_0^n,$$

$$Q_2^{n+1} = Q_0^n Q_1^n \overline{Q_2^n} + \overline{Q_0^n} Q_1^n, \quad J_2 = Q_0^n Q_1^n, \qquad K_2 = Q_0^n, \qquad F = \overline{Q_1^n}$$

根据驱动方程和输出方程画出逻辑图，如图 5-12 所示。

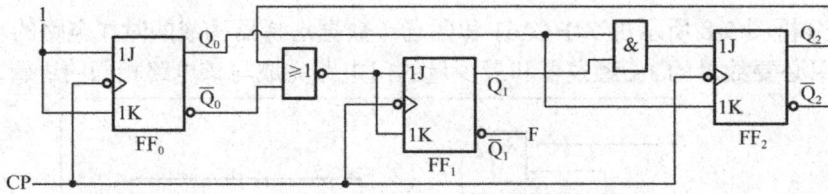

图 5-12 例 5-3 的图 5

【例 5-4】4 位双向移位寄存器 74HC194 和 3-8 线译码器 74HC138 构成的电路如图 5-13 所示，分析该电路的功能，画出该电路有效状态下的波形，S_0 的输入是一个正脉冲。

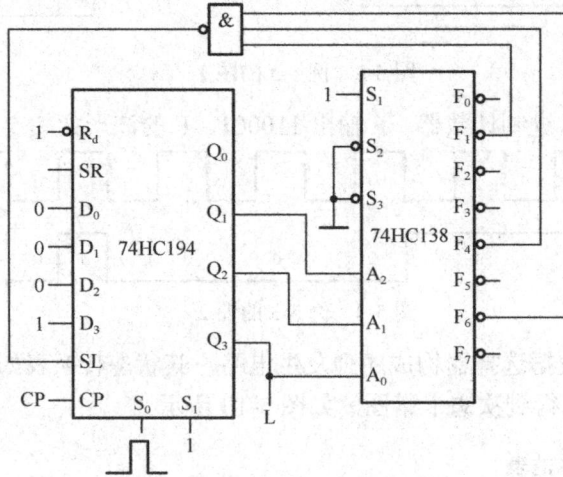

图 5-13　例 5-4 的图 1

解：对于 4 位双向移位寄存器 74HC194，当 $S_1S_0=11$ 时，送数 $Q_3Q_2Q_1Q_0=1000$。

根据逻辑图可以写出有效状态转换表，见表 5-8。

表 5-8　例 5-4 的表

Q_3	Q_2	Q_1	Q_0	SL	A_2	A_1	A_0
1	0	0	0	1	0	0	1
1	1	0	0	0	0	1	1
0	1	1	0	1	1	1	0
1	0	1	1	0	1	0	1
0	1	0	1	0	0	1	0
0	0	1	0	1	1	0	0
1	0	0	1	1	0	0	1
1	1	0	0	0	0	1	1

由表 5-8 可知，L=101001，该电路输出 101001 序列，波形如图 5-14 所示。

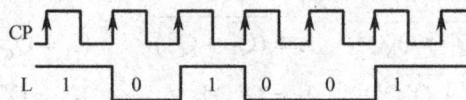

图 5-14　例 5-4 的图 2

【**例 5-5**】用一片 74HC161 和必要的门电路构成一个可控计数器。当控制端 C=1 时，实现八进制计数；C=0 时实现四进制计数。

解：可以采用两种方法实现：复位法和置数法。

方法 1：采用复位法和状态译码置数法构成可控计数器，列出状态转换图，如图 5-15 所示。

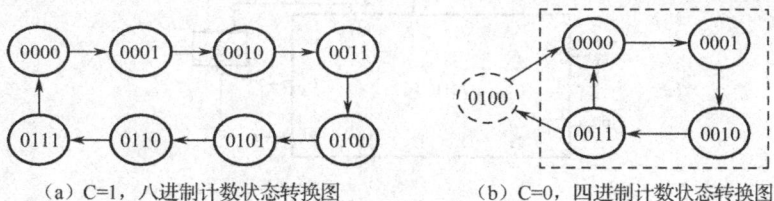

（a）C=1，八进制计数状态转换图 （b）C=0，四进制计数状态转换图

图 5-15　例 5-5 的图 1

可得

$$\overline{C}_r = \overline{Q_2 \cdot C}，\quad \overline{L}_D = \overline{Q_0 \cdot Q_1 \cdot Q_2 \cdot C}，\quad D_3D_2D_1D_0=0000，\quad P=T=1$$

由此得出逻辑图，如图 5-16 所示。

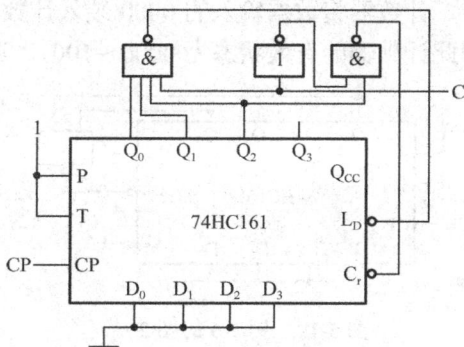

图 5-16　例 5-5 的图 2

方法 2：采用进位输出置数法实现，列出状态转换图，如图 5-17（a）所示。

将控制端加在数据输入端，当 C=1 时，使 $D_3D_2D_1D_0=1000$，当 C=0 时，使 $D_3D_2D_1D_0=1100$。由此得出逻辑图如图 5-17（b）所示。

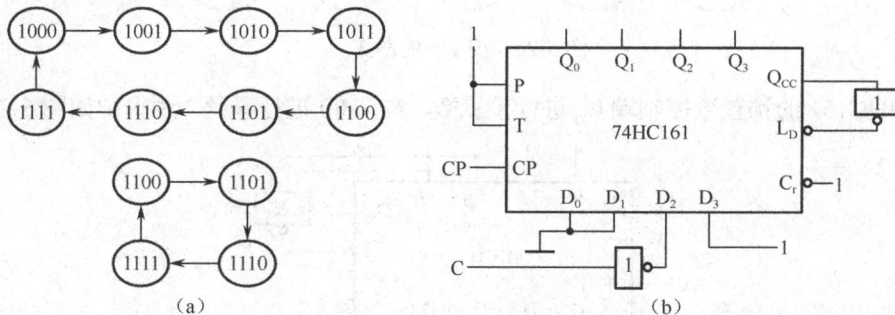

（a）　　　　　　　　　　　　　　　（b）

图 5-17　例 5-5 的图 3

【**例 5-6**】用 4 位二进制计数器 74HC161 构成 8421 码、余 3 码、5421 码计数器。

解：（1）8421 码是最常用的 BCD 码，市场上绝大多数的中规模集成十进制计数器产品是 8421 码计数器，可以直接选用。但采用 4 位二进制计数器 74HC161，外加逻辑门也可以组成 8421 码计数器。可以采用复位法和置数法。复位法采用 74HC161 的清零端 $\overline{C}_r$ 进行复位，$\overline{C}_r$ 实现异步复位功能，与非门检测的状态应该是 1010，当计数器在 0000～1001 状态间计数时，与非门固定输出高电平，对计数器的计数过程没有影响。而当计数器到达 1010 状态时，与非门输出的低电平立即加到 $\overline{C}_r$ 端，强迫计数器复位到 0000 状态，1010 状态存在的时间很短，是无效状态。因此计数器的有效状态为 0000～1001。逻辑图如图 5-18 所示。

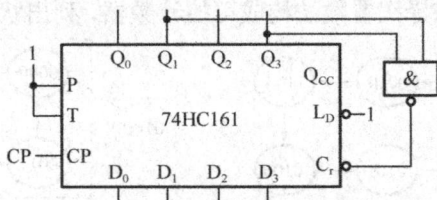

图 5-18　例 5-6 的图 1

置数法采用 74HC161 的预置数控制端 $\overline{L}_D$ 进行预置数，$\overline{L}_D$ 实现同步置数功能，与非门检测的状态应该是 1001，当计数器在 0000～1000 状态间计数时，与非门固定输出高电平，对计数器的计数过程没有影响。而当计数器到达 1001 状态时，与非门输出的低电平加到 $\overline{L}_D$ 端，当下一个时钟脉冲的上升沿到来时，计数器将数据输入的 0000 装入计数器，1001 状态存在的时间是一个周期，是有效状态。因此计数器的有效状态为 0000～1001。逻辑图如图 5-19 所示。

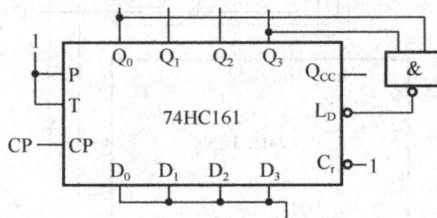

图 5-19　例 5-6 的图 2

（2）余 3 码也是一种常用的 BCD 码。余 3 码计数器计数状态转换图如图 5-20 所示。

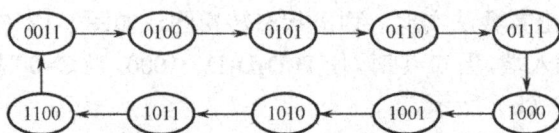

图 5-20　例 5-6 的图 3

采用 74HC161 的预置数控制端 $\overline{L}_D$ 进行预置数，对 1100 进行译码，逻辑图如图 5-21 所示。

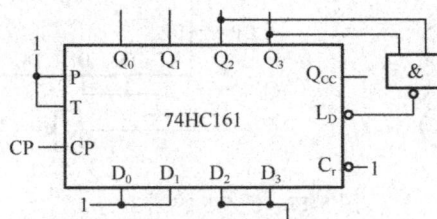

图 5-21　例 5-6 的图 4

（3）5421 码状态转换图如图 5-22 所示，使用 74HC161 和逻辑门，采用置数法，在一个计数周期内，有两次预置数过程，分别在 0100 和 1100 时使 $\overline{L}_D$ 有效，在下一个时钟脉冲到来时将 1000 和 0000 分别装入计数器，逻辑图如图 5-23 所示。

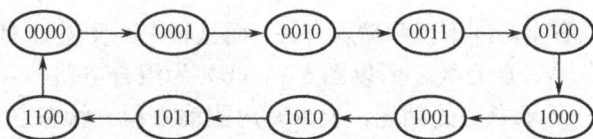

图 5-22 例 5-6 的图 5

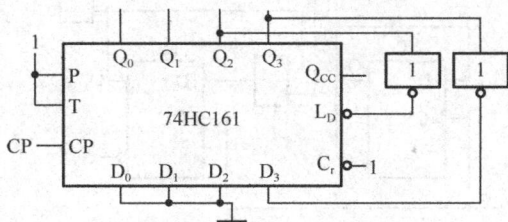

图 5-23 例 5-6 的图 6

5.4 习题解答

5-1 说明时序电路和组合电路在逻辑功能和电路结构上有何不同。

解：包含触发器的数字电路称为时序电路，任何时刻的输出不仅取决于当前的输入，同时也取决于过去的输入序列，即时序电路具有对过去事件的记忆能力；仅包含门电路的数字电路称为组合电路，其输出仅取决于当前的输入。

5-2 为什么组合电路用逻辑函数就可以表示其逻辑功能，而时序电路则用驱动方程、状态方程、输出方程才能表示其逻辑功能？

解：因为组合电路的输出只与当前的输入有关，所以用逻辑函数就可以表示其逻辑功能；而时序电路任何时刻的输出不仅取决于当前的输入，也取决于过去的输入序列，因此需要用驱动方程、状态方程、输出方程才能表示其逻辑功能。

5-3 试分析图 5-24 所示的两个电路，哪一个为时序电路？为什么？

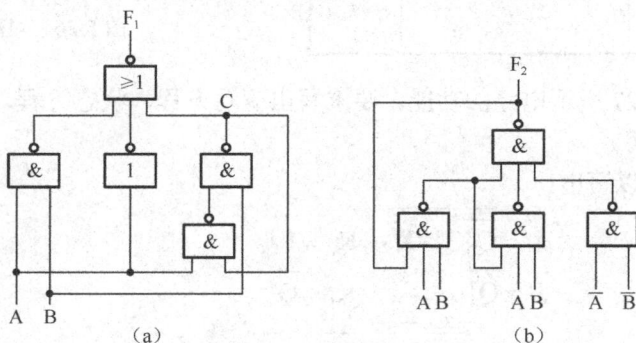

图 5-24 习题 5-3 的图

解：根据图 5-24 可以写出：

$$F_1 = \overline{\overline{\overline{AB}+\overline{A}}+C} = \overline{\overline{AB}+\overline{A}+\overline{\overline{AC}\cdot B}} = \overline{AB}\cdot A\cdot\overline{AC}\cdot B = AB(\overline{A}+\overline{C})B = AB\overline{C}$$

$$F_2 = \overline{\overline{ABF_2^n}\cdot\overline{ABF_2^n}\cdot\overline{AB}\cdot\overline{\overline{A}\cdot\overline{B}}} = \overline{ABF_2^n}+\overline{ABF_2^n}\cdot AB+\overline{A}\cdot\overline{B} = ABF_2^n+AB+\overline{A}\cdot\overline{B}$$

$$= AB(F_2^n+1)+\overline{A}\cdot\overline{B} = AB+\overline{AB}$$

从 F_1、F_2 表达式可以看出，F_1 不仅和输入有关，而且和中间变量 C 有关，所以图 5-24（a）为时序电路。F_2 只与输入 A、B 有关，所以图 5-24（b）为组合电路。

5-4　试分析图 5-25 所示电路的功能。要求写出驱动方程、状态方程、输出方程，画出状态转换图，并对逻辑功能做出说明。

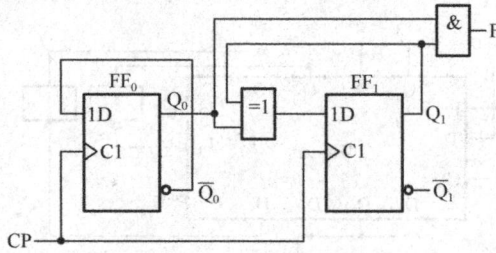

图 5-25　习题 5-4 的图 1

解：由图 5-25 可以写出驱动方程和输出方程为

$$D_0 = \overline{Q_0^n}, \quad D_1 = Q_0^n \oplus Q_1^n, \quad F = Q_0^n Q_1^n$$

状态方程为

$$Q_0^{n+1} = D_0 = \overline{Q_0^n}$$

$$Q_1^{n+1} = D_1 = Q_0^n \oplus Q_1^n, \quad F = Q_0^n Q_1^n$$

根据状态方程列出状态转换表，见表 5-9。

画出状态转换图，如图 5-26 所示。其功能为同步四进制加法计数器。

表 5-9　习题 5-4 的表

Q_1^n	Q_0^n	Q_1^{n+1}	Q_0^{n+1}	F
0	0	0	1	0
0	1	1	0	0
1	0	1	1	0
1	1	0	0	1

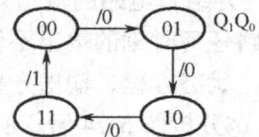

图 5-26　习题 5-4 的图 2

5-5　试分析图 5-27 所示电路的功能。要求写出驱动方程、状态方程，画出状态转换图，并对逻辑功能做出说明。

解：由图 5-27 可以写出：

$$J_0 = \overline{\overline{Q_0^n Q_1^n} \cdot X}, \quad K_0 = 1$$

$$J_1 = \overline{Q_0^n}, \qquad\qquad K_1 = \overline{Q_0^n}$$

$$Q_0^{n+1} = \overline{\overline{\overline{Q_0^n Q_1^n} \cdot X}} \cdot \overline{Q_0^n} = (\overline{Q_0^n Q_1^n} + \overline{X})\overline{Q_0^n}$$

$$= (Q_1^n + \overline{X})\overline{Q_0^n}$$

$$Q_1^{n+1} = \overline{Q_0^n} \cdot \overline{Q_1^n} + Q_0^n Q_1^n$$

根据上面各式画出的状态转换图如图 5-28 所示。功能：当 X=0 时，为四进制减法计数器；当 X=1 时，为三进制减法计数器。

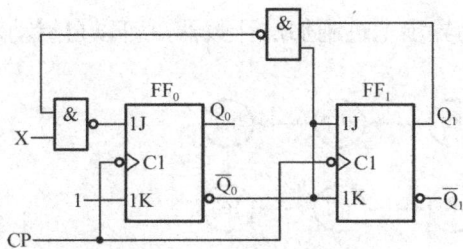

图 5-27　习题 5-5 的图 1

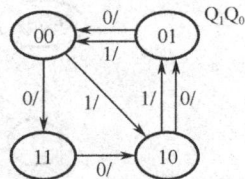

图 5-28　习题 5-5 的图 2

5-6　试分析图 5-29 所示电路的功能。要求写出驱动方程、状态方程，画出状态转换图，并对逻辑功能做出说明。

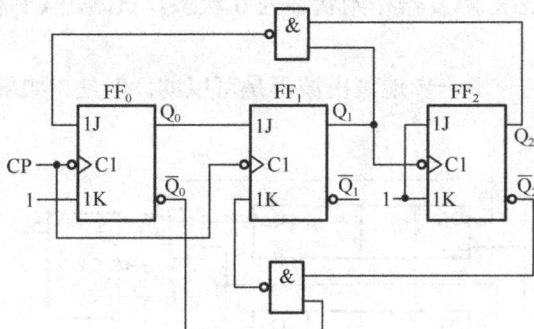

图 5-29　习题 5-6 的图 1

解： 根据图 5-29 可以写出：

$$J_0 = \overline{Q_1^n Q_2^n}, \quad K_0 = 1$$

$$J_1 = Q_0^n, \quad K_1 = \overline{\overline{Q_0^n \cdot \overline{Q_2^n}}}$$

$$J_2 = 1, \quad K_2 = 1$$

$$Q_0^{n+1} = \overline{Q_1^n Q_2^n} \cdot \overline{Q_0^n} \qquad \text{CP 下降沿到来有效}$$

$$Q_1^{n+1} = Q_0^n \overline{Q_1^n} + \overline{Q_0^n} \cdot \overline{Q_2^n} Q_1^n \qquad \text{CP 下降沿到来有效}$$

$$Q_2^{n+1} = \overline{Q_2^n} \qquad \text{Q}_1 \text{ 下降沿到来有效}$$

分析异步时序电路时，只有 CP 到来时，才能将现态代入状态方程，求出次态；否则，状态不变。列出状态转换表见表 5-10，画出状态转换图如图 5-30 所示。

表 5-10　习题 5-6 的表

CP	Q_2^n	Q_1^n	Q_0^n	Q_2^{n+1}	Q_1^{n+1}	Q_0^{n+1}	CP_2	CP_1	CP_0
0	0	0	0	0	0	0			
1	0	0	0	0	0	1		↓	↓
2	0	0	1	0	1	0		↓	↓
3	0	1	0	0	1	1		↓	↓
4	0	1	1	1	0	0	↓	↓	↓
5	1	0	0	1	0	1		↓	↓
6	1	0	1	1	1	0		↓	↓
7	1	1	0	0	0	0	↓	↓	↓
	1	1	1	0	0	0	↓	↓	↓

由表 5-10 和图 5-30 可以看出，该电路为异步七进制加法计数器，可以自启动。

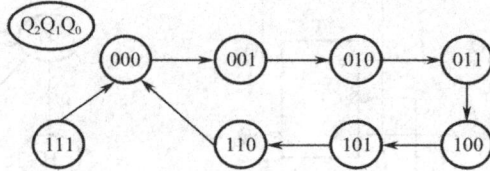

图 5-30　习题 5-6 的图 2

5-7　已知逻辑图和时钟脉冲 CP 的波形如图 5-31 所示，移位寄存器 A 和 B 均由维持阻塞 D 触发器组成。A 寄存器初始状态为 $Q_{4A}Q_{3A}Q_{2A}Q_{1A}=1010$，B 寄存器初始状态为 $Q_{4B}Q_{3B}Q_{2B}Q_{1B}=1011$，主从 JK 触发器初始状态为 0 状态。试画出 CP 作用下的 Q_{4A}、Q_{4B}、C 和 Q_D 的波形。

解：按照通常的办法，一步一步地画出波形是可以的。但是，如果找到波形变化的规律，画波形会更方便。

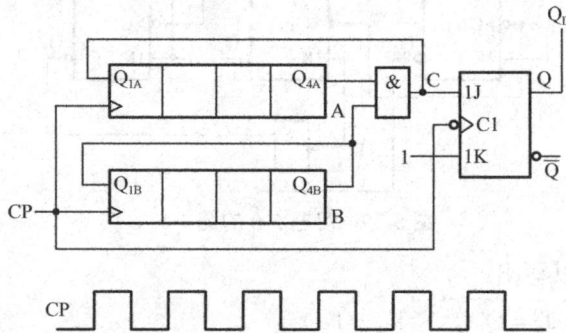

图 5-31　习题 5-7 的图 1

移位寄存器 B 构成环形移位寄存器。由于初始状态为 $Q_{4B}Q_{3B}Q_{2B}Q_{1B}=1011$，由此，B 端的输出状态为 1011 1011 1011 ……。

移位寄存器 A 的 $Q_{1A}=Q_{4A}\cdot Q_{4B}=C$。A 寄存器的初始状态为 1010，B 寄存器的初始状态为 1011，二者相与的结果为 1010，使 C 端的输出状态为 1010 1010……。由于 A 寄存器串行输入为 1010 1010……，所以 A 端的输出状态也为 1010 1010……。根据 J=C，K=1，很容易画出 Q_D 的波形。根据上述分析画出的波形如图 5-32 所示。

图 5-32　习题 5-7 的图 2

5-8　用维持阻塞 D 触发器和与非门设计一个 4 位右移移位寄存器。要求：控制端 X=0 时能串行输入数据 D_I，X=1 时电路具有自循环功能。

解：由题意可知，当控制端 X=0 时，$D_0=D_I$；当 X=1 时，$D_0=Q_3^n$（环形计数器）。又可知，$D_0 = \overline{X}D_I + XQ_3^n = \overline{\overline{\overline{X}D_I} \cdot \overline{XQ_3^n}}$，逻辑图如 5-33 所示。

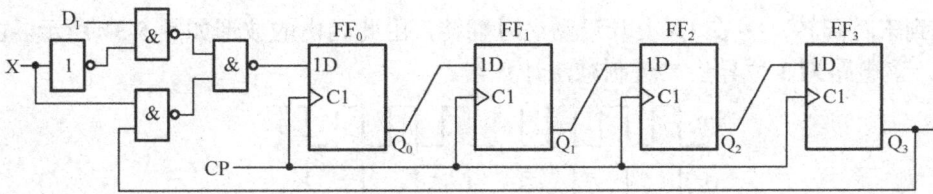

图 5-33　习题 5-8 的图

5-9　试对应图 5-34（b）所示的 CP 波形，画出 Q_0、Q_1、Q_2 的波形，并说明图 5-34（a）所示电路的功能。

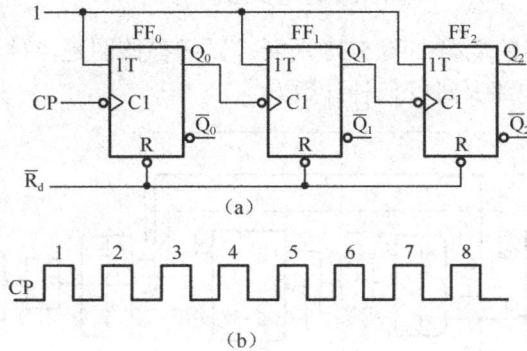

图 5-34　习题 5-9 的图 1

解：图 5-34（a）为 T′ 触发器构成的异步时序电路。Q_0 在 CP 下降沿到来时翻转，Q_1 在 Q_0 下降沿到来时翻转，Q_2 在 Q_1 下降沿到来时翻转，由此画出的波形如图 5-35 所示。由波形可以看出，该电路为 3 位异步二进制加法计数器。电路工作时，必须使 $\overline{R}_d$=1，否则对计数器清零。

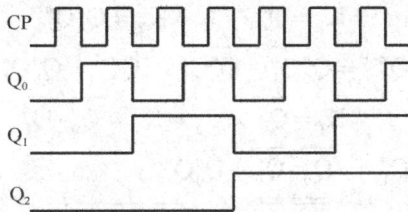

图 5-35　习题 5-9 的图 2

5-10　试对应图 5-36（b）所示的 CP 波形，画出 Q_0、Q_1、Q_2 的波形，并说明图 5-36（a）所示电路的功能。

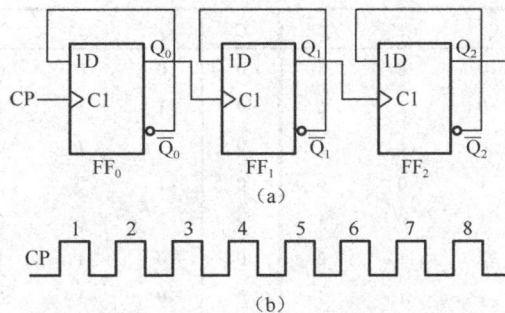

图 5-36　习题 5-10 的图 1

解：图 5-36（a）为 D 触发器构成的异步时序电路。Q_0 在 CP 上升沿到来时翻转，Q_1 在

Q_0 上升沿到来时翻转，Q_2 在 Q_1 上升沿到来时翻转，由此画出的波形如图 5-37 所示。由波形可以看出，该电路为 3 位异步二进制减法计数器。

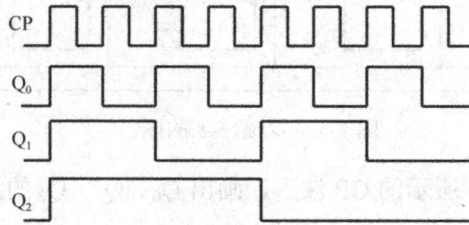

图 5-37　习题 5-10 的图 2

5-11　已知一个计数器的电路如图 5-38 所示。试回答该图是何种计数器。C=1 时，电路进行何种计数？C=0 时，电路又进行何种计数？

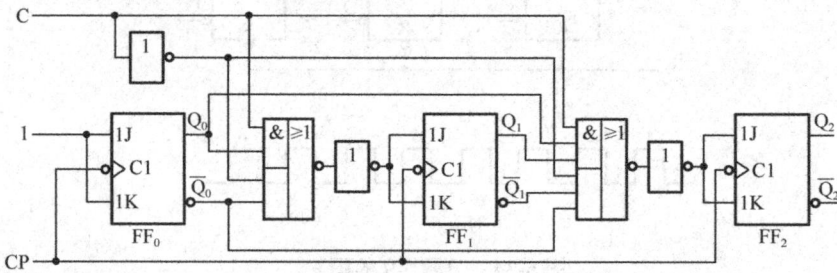

图 5-38　习题 5-11 的图

解： 由图 5-38 所示电路可以写出：

$$J_0 = K_0 = 1, \quad J_1 = K_1 = \overline{CQ_0^n + \overline{C} \cdot \overline{Q_0^n}}, \quad J_2 = K_2 = \overline{\overline{CQ_0^n Q_1^n + \overline{C} \cdot \overline{Q_0^n} \cdot \overline{Q_1^n}}}$$

C=1 时：
$$J_0 = K_0 = 1, \quad J_1 = K_1 = Q_0^n, \quad J_2 = K_2 = Q_0^n Q_1^n$$
$$Q_0^{n+1} = \overline{Q_0^n}, \quad Q_1^{n+1} = Q_0^n \overline{Q_1^n} + \overline{Q_0^n} Q_1^n, \quad Q_2^{n+1} = Q_0^n Q_1^n \overline{Q_2^n} + \overline{Q_0^n Q_1^n} Q_2^n$$

C=0 时：
$$J_0 = K_0 = 1, \quad J_1 = K_1 = \overline{Q_0^n}, \quad J_2 = K_2 = \overline{Q_0^n} \cdot \overline{Q_1^n}$$
$$Q_0^{n+1} = \overline{Q_0^n}, \quad Q_1^{n+1} = \overline{Q_0^n} \cdot \overline{Q_1^n} + Q_0^n Q_1^n$$
$$Q_2^{n+1} = \overline{Q_0^n} \cdot \overline{Q_1^n} \cdot \overline{Q_2^n} + \overline{\overline{Q_0^n} \cdot \overline{Q_1^n}} Q_2^n = \overline{Q_0^n} \cdot \overline{Q_1^n} \cdot \overline{Q_2^n} + (Q_0^n + Q_1^n) Q_2^n$$

C=1 时的计数状态和 C=0 时的计数状态转换表见表 5-11。

表 5-11　习题 5-11 的表

C	Q_2^n	Q_1^n	Q_0^n	Q_2^{n+1}	Q_1^{n+1}	Q_0^{n+1}	C	Q_2^n	Q_1^n	Q_0^n	Q_2^{n+1}	Q_1^{n+1}	Q_0^{n+1}
1	0	0	0	0	0	1	0	0	0	0	1	1	1
1	0	0	1	0	1	0	0	1	1	1	1	1	0
1	0	1	0	0	1	1	0	1	1	0	1	0	1
1	0	1	1	1	0	0	0	1	0	1	1	0	0
1	1	0	0	1	0	1	0	1	0	0	0	1	1
1	1	0	1	1	1	0	0	0	1	1	0	1	0
1	1	1	0	1	1	1	0	0	1	0	0	0	1
1	1	1	1	0	0	0	0	0	0	1	0	0	0

综合上述分析可知，C=1 时，为同步 3 位二进制加法计数器；C=0 时，为同步 3 位二进

制减法计数器。该电路为同步 3 位二进制可逆计数器。

5-12　试用 74HC161 构成 24 进制计数器。

解：用两片 74HC161 才可以构成 24 进制计数器。可以连接成同步或异步工作方式。用乘数法、复位法和置数法都可以实现。电路形式有很多种，此处只给出 4 种方案。

图 5-39（a）为同步连接方式，用 $\overline{C}_r$ 清零；图 5-39（b）为同步连接方式，用 $\overline{L}_D$ 清零；图 5-39（c）为异步连接方式，用 $\overline{C}_r$ 清零；图 5-39（d）为用 4×6 方式实现 24 进制计数，利用 Q_0 由 1 变 0 使非门输出由 0 变 1 的短暂上升沿使十位的 CP 有效。

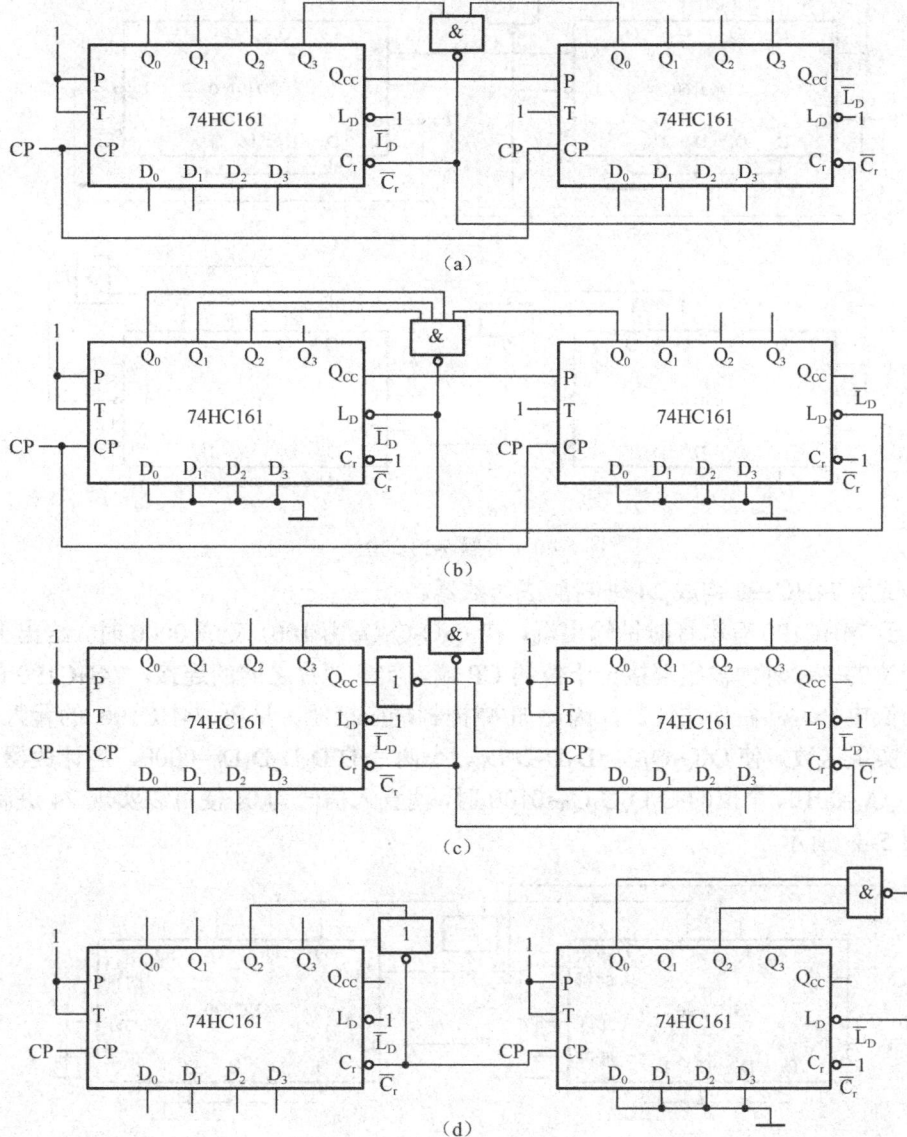

(a)

(b)

(c)

(d)

图 5-39　习题 5-12 的图

5-13　试用 CD40160 构成 24 进制计数器。

解：用 CD40160 构成任意进制计数器与用 74HC161 构成任意进制计数器的方法虽然一样，但 CD40160 为十进制计数器，其 $\overline{C}_r = \overline{Q_{1ten} \cdot Q_{2one}}$（$24_{10} = 0010\ 0100_{8421}$）。给出 3 种方案，如图 5-40 所示。

(a)

(b)

(c)

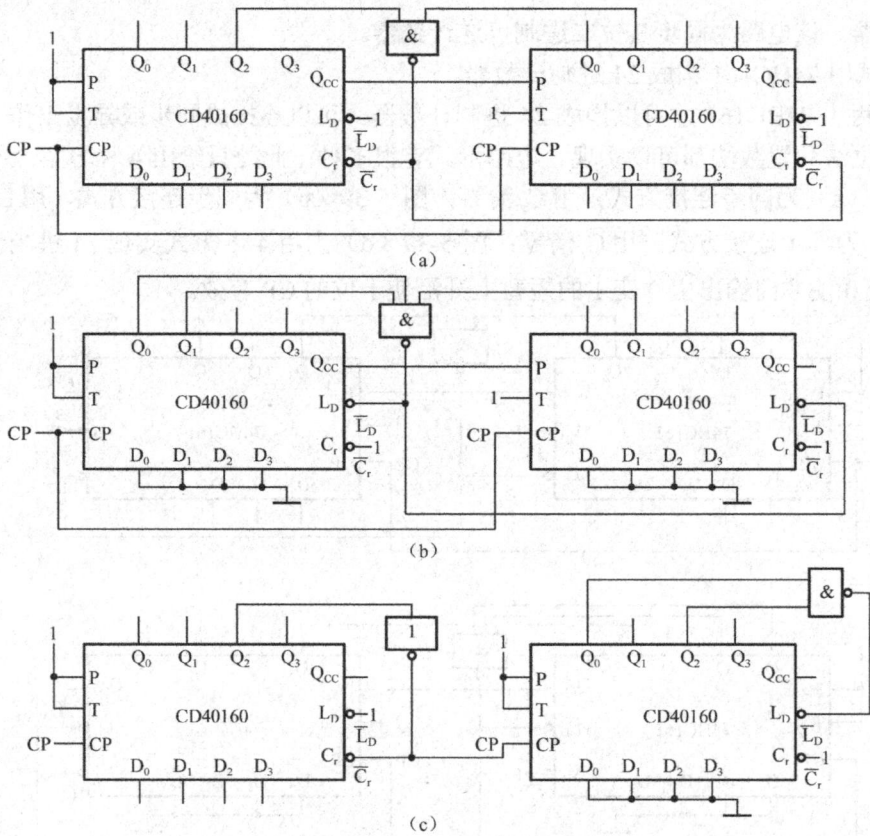

图 5-40　习题 5-13 的图

5-14　试用 74HC190 构成 24 进制加法计数器。

解： 由于 74HC190 有串行时钟输出端，在 $Q_3Q_2Q_1Q_0$ 由 1001 变成 0000 时，给出上升沿，故可以将个位的串行时钟输出端接至十位的 CP 端，实现两片之间的连接。74HC190 的加/减控制信号为低电平时，做加法计数，因此加/减控制端应接地。只要 74HC190 的置入信号为低电平，就实现送数，使 $Q_3Q_2Q_1Q_0=D_3D_2D_1D_0$。令两片的 $D_3D_2D_1D_0=0000$，当计数器计到十位的 $Q_3Q_2Q_1Q_0=0010$、个位的 $Q_3Q_2Q_1Q_0=0100$ 时，使置入信号为 0，便可以实现 24 进制计数，逻辑图如图 5-41 所示。

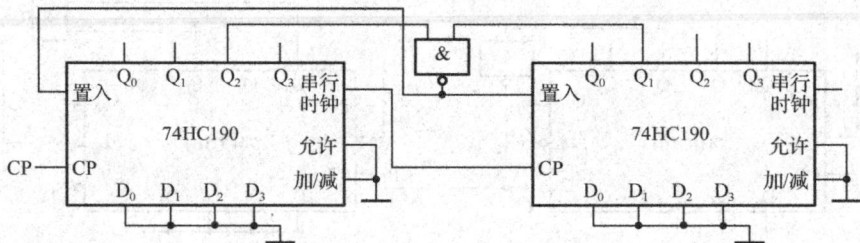

图 5-41　习题 5-14 的图

5-15　试用 74HC190 构成 24 进制减法计数器。

解： 74HC190 的加/减控制端为高电平时做减法计数。24 进制减法计数器的最大数为 23，当减到 0 之后，再接收一个 CP，将变成 23。为此，必须使十位的 $D_3D_2D_1D_0=0010$，个位的 $D_3D_2D_1D_0=0011$。在计数器计到 0 之后，再接收一个 CP，必须使置入信号为 0。使用两片

74HC190，00 之后应变成 99，只要在变成 99 时使置入信号为 0，将 23 送入计数器中，就可以得到 24 进制计数器。逻辑图如图 5-42 所示。

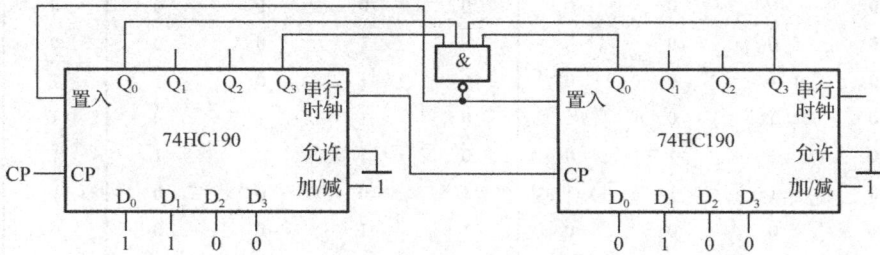

图 5-42 习题 5-15 的图

5-16 用 74HC161 构成的电路如图 5-43 所示。试分别说明电路控制端 $\overline{L}/C$ 为 1 或为 0 时该电路的功能。

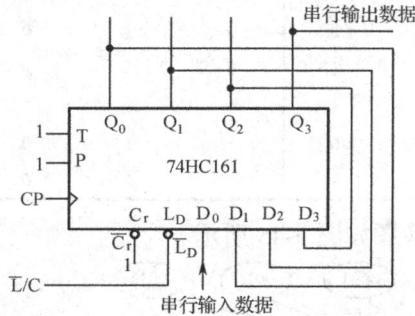

图 5-43 习题 5-16 的图

解： 由图 5-43 所示电路可知，当 $\overline{L}/C=1$ 时，因为 $\overline{L}_D=1$，$\overline{C}_r=1$，所以 74HC161 为二进制加法计数器；当 $\overline{L}/C=0$ 时，$\overline{L}_D=0$，$\overline{C}_r=1$，74HC161 实现送数功能，使 $Q_3^{n+1}Q_2^{n+1}Q_1^{n+1}Q_0^{n+1}=Q_2^nQ_1^nQ_0^nD_i$（$D_i$ 为串行输入数据）。从 Q_3 端输出，来一个 CP 后，$Q_3^{n+1}=Q_2^n$，$Q_2^{n+1}=Q_1^n$，$Q_1^{n+1}=Q_0^n$，$Q_0^{n+1}=D_i$。实现了右移一位，为串行输入、串行输出工作方式。若从 Q_3、Q_2、Q_1、Q_0 端输出，则为串行输入、并行输出工作方式。可见，$\overline{L}/C=1$ 时，为计数器；$\overline{L}/C=0$ 时，为移位寄存器。

5-17 试画出图 5-44 所示电路的完整状态转换图。

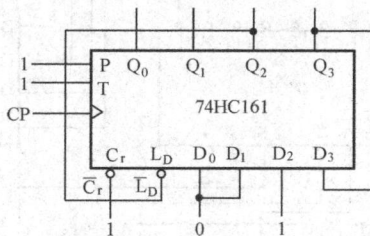

图 5-44 习题 5-17 的图 1

解： 由图 5-44 所示电路可知，当 $\overline{L}_D=Q_2=0$ 时，在 CP 上升沿到来时，74HC161 送数，使 $Q_3Q_2Q_1Q_0=Q_3100$；当 $\overline{L}_D=Q_2=1$ 时，每接收一个 CP，74HC161 都会加 1。状态转换表见表 5-12。

表 5-12   习题 5-17 的表

CP	Q_3^n	Q_2^n	Q_1^n	Q_0^n	Q_3^{n+1}	Q_2^{n+1}	Q_1^{n+1}	Q_0^{n+1}	$\overline{L}_D$	说明
0	0	0	0	0	0	0	0	0	0	无 CP↓
1	0	0	0	0	0	1	0	0	0	送数
2	0	1	0	0	0	1	0	1	1	计数
3	0	1	0	1	0	1	1	0	1	计数
4	0	1	1	0	0	1	1	1	1	计数
5	0	1	1	1	1	0	0	0	1	计数
6	1	0	0	0	1	1	0	0	0	送数
7	1	1	0	0	1	1	0	1	1	计数
8	1	1	0	1	1	1	1	0	1	计数
9	1	1	1	0	1	1	1	1	1	计数
10	1	1	1	1	0	0	0	0	1	计数
	0	0	0	1	0	1	0	0	0	送数
	0	0	1	0	0	1	0	0	0	送数
	0	0	1	1	0	1	0	0	0	送数
	1	0	0	1	1	1	0	0	0	送数
	1	0	1	0	1	1	0	0	0	送数
	1	0	1	1	1	1	0	0	0	送数

由状态转换表画出状态转换图如图 5-45 所示。

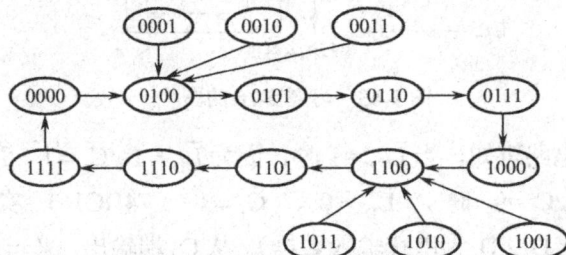

图 5-45   习题 5-17 的图 2

5-18   图 5-46 所示电路为一个可变进制计数器。试回答：（1）4 个 JK 触发器构成的是什么功能的电路？（2）MN 分别为 00、01、10、11 时，可组成哪几种进制的计数器？

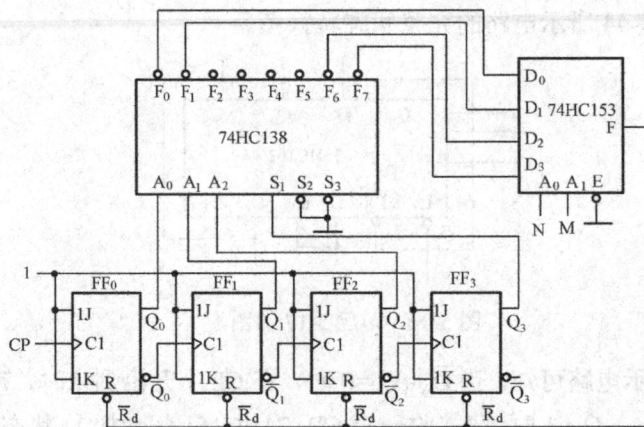

图 5-46   习题 5-18 的图

解：（1）由图 5-46 所示电路可知，4 个上升沿触发的 JK 触发器构成异步 4 位二进制加法计数器。74HC153 的输出 F=0 时，对计数器清零。通过清零可以实现任意进制计数器。

（2）74HC153 的 A_1A_0=MN=00 时，$F = D_0 = \overline{F_0}$，当计数器计到 $Q_3Q_2Q_1Q_0$=1000 时，$S_1=Q_3=1$，$A_2A_1A_0$=000，$\overline{R}_d = F = D_0 = \overline{F_0} = 0$，对计数器清零，使 $Q_3Q_2Q_1Q_0$=0000，实现八进制计数。

74HC153 的 A_1A_0=MN=01 时，$F = D_1 = \overline{F_1}$，当计数器计到 $Q_3Q_2Q_1Q_0$=1001 时，$S_1=Q_3=1$，$A_2A_1A_0$=001，$\overline{R}_d = F = D_1 = \overline{F_1} = 0$，对计数器清零，使 $Q_3Q_2Q_1Q_0$=0000，实现九进制计数。

74HC153 的 A_1A_0=MN=10 时，$F = D_2 = \overline{F_6}$，当计数器计到 $Q_3Q_2Q_1Q_0$=1110 时，$S_1=Q_3=1$，$A_2A_1A_0$=110，$\overline{R}_d = F = D_2 = \overline{F_6} = 0$，对计数器清零，使 $Q_3Q_2Q_1Q_0$=0000，实现十四进制计数。

74HC153 的 A_1A_0=MN=11 时，$F = D_3 = \overline{F_7}$，当计数器计到 $Q_3Q_2Q_1Q_0$=1111 时，$S_1=Q_3=1$，$A_2A_1A_0$=111，$\overline{R}_d = F = D_3 = \overline{F_7} = 0$，对计数器清零，使 $Q_3Q_2Q_1Q_0$=0000，实现十五进制计数。

5-19　试用 JK 触发器和逻辑门设计一个同步七进制加法计数器。

解：按自然二进制数对 0～6 这 7 个数进行编码的状态转换图如图 5-47 所示，由状态转换图画出卡诺图，如图 5-48 所示。

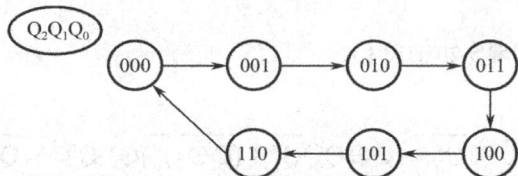

图 5-47　习题 5-19 的图 1

图 5-48　习题 5-19 的图 2

由状态转换图写出状态方程和输出方程：

$$Q_0^{n+1} = \overline{Q_2^n} \cdot \overline{Q_0^n} + \overline{Q_1^n} \cdot \overline{Q_0^n} = \overline{Q_1^n Q_2^n} \cdot \overline{Q_0^n}, \quad Q_1^{n+1} = Q_0^n \overline{Q_1^n} + \overline{Q_0^n \cdot \overline{Q_2^n} Q_1^n},$$

$$Q_2^{n+1} = Q_0^n Q_1^n \overline{Q_2^n} + \overline{Q_1^n} Q_2^n, \quad F = Q_2^n Q_1^n$$

将状态方程与 JK 触发器特性方程 $Q^{n+1} = J\overline{Q^n} + \overline{K}Q^n$ 对比得

$$J_0 = \overline{Q_1^n Q_2^n}, \quad K_0 = 1, \quad J_1 = Q_0^n, \quad K_1 = \overline{\overline{Q_0^n \cdot \overline{Q_2^n}}}, \quad J_2 = Q_0^n Q_1^n, \quad K_2 = Q_1^n$$

由此画出逻辑图如图 5-49 所示。

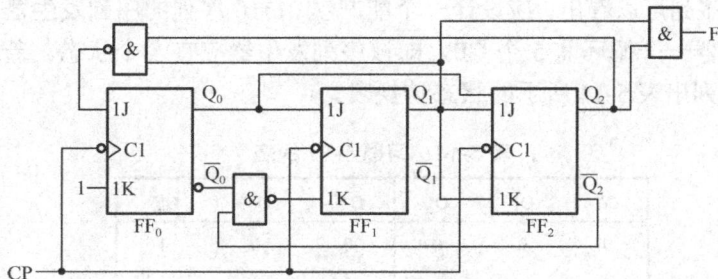

图 5-49　习题 5-19 的图 3

5-20　试设计一个同步四进制可逆计数器。

解：设控制端为 C，根据题意得状态转换表见表 5-13，由状态转换表分别画出 Q_1^{n+1} 和 Q_0^{n+1} 的卡诺图，图 5-50（a）为 Q_1^{n+1} 的卡诺图，图 5-50（b）为 Q_0^{n+1} 的卡诺图。

表 5-13　习题 5-20 的表

C	Q_1^n	Q_0^n	Q_1^{n+1}	Q_0^{n+1}
0	0	0	0	1
0	0	1	1	0
0	1	1	1	1
0	1	1	0	0
1	0	0	0	1
1	1	1	1	0
1	1	0	0	1
1	0	1	0	0

C \ $Q_1^n Q_0^n$	00	01	11	10
0	0	1	0	1
1	1	0	1	0

(a)

C \ $Q_1^n Q_0^n$	00	01	11	10
0	1	0	0	1
1	1	0	0	1

（b）

图 5-50　习题 5-20 的图 1

由卡诺图写出状态方程:

$$Q_1^{n+1} = C\overline{Q_1^n} \cdot \overline{Q_0^n} + CQ_1^n Q_0^n + \overline{C} \cdot \overline{Q_1^n} Q_0^n + \overline{C}Q_1^n \overline{Q_0^n} = (C \oplus Q_0^n)\overline{Q_1^n} + \overline{(C \oplus Q_0^n)}Q_1^n \quad Q_0^{n+1} = \overline{Q_0^n}$$

用 JK 触发器实现,逻辑图如图 5-51 所示。

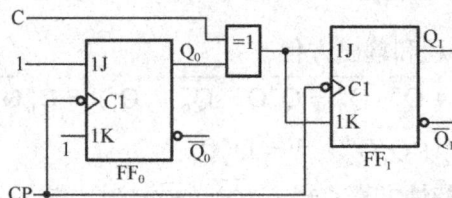

图 5-51　习题 5-20 的图 2

5-21　试设计一个能产生 011100111001110 序列的脉冲发生器。

解:由给出的序列可以看出,应设计一个能产生 01110 序列的序列发生器。要产生 01110 序列,该序列发生器一个循环需 5 个 CP,即该序列发生器应有 5 个状态。若选 Q_0 作为序列发生器的输出,可列出表 5-14 所示的状态转换表。

表 5-14　习题 5-21 的表

Q_2^n	Q_1^n	Q_0^n	Q_2^{n+1}	Q_1^{n+1}	Q_0^{n+1}
0	0	0	0	0	1
0	0	1	0	1	1
0	1	1	1	0	1
1	0	1	1	0	0
1	0	0	0	0	0

由状态转换表画出次态卡诺图如图 5-52 所示。

Q_2^n \ $Q_1^n Q_0^n$	00	01	11	10
0	001	011	101	×××
1	000	100	×××	×××

图 5-52 习题 5-21 的图 1

由卡诺图可以写出状态方程：

$$Q_0^{n+1} = \overline{Q_2^n} \cdot \overline{Q_0^n} + \overline{Q_2^n} Q_0^n, \quad Q_1^{n+1} = \overline{Q_2^n} \cdot \overline{Q_1^n} Q_0^n, \quad Q_2^{n+1} = Q_1^n \overline{Q_2^n} + Q_0^n Q_2^n$$

将状态方程与 JK 触发器特性方程 $Q^{n+1} = J\overline{Q^n} + \overline{K}Q^n$ 对比得

$$J_0 = \overline{Q_2^n}, \quad K_0 = Q_2^n, \quad J_1 = \overline{Q_2^n} Q_0^n, \quad K_1 = 1, \quad J_2 = Q_1^n, \quad K_2 = \overline{Q_0^n}$$

根据驱动方程画出逻辑图，如图 5-53 所示。

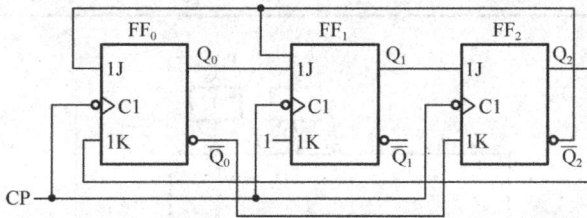

图 5-53 习题 5-21 的图 2

5-22 试用一片 74HC161 和一片 74HC138 及逻辑门设计一个能够产生如图 5-54 所示脉冲序列的电路。

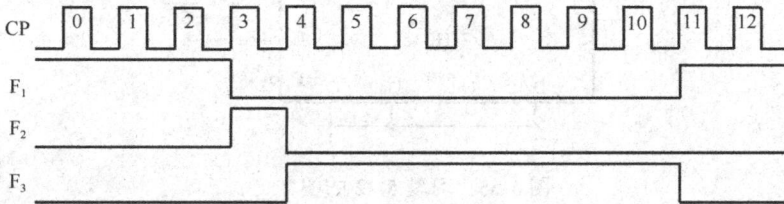

图 5-54 习题 5-22 的图 1

解： 由图 5-54 可以看出，该脉冲产生电路一个循环需 11 个 CP。为此 74HC161 应接成十一进制计数器。如果十一进制计数器的计数状态为 0000～1010，可列出正常情况下 F_1、F_2、F_3 和 Q_3、Q_2、Q_1、Q_0 的真值表（见表 5-15 左侧）。

由表 5-15 可知，需要 4-16 线译码器。题目要求用一片 3-8 线译码器 74HC138。为此需改变计数器的计数顺序。十二进制计数器由 4 位二进制代码组成。将其中的一位作为 74HC138 的使能信号，才可能用一片 74HC138。令 $F_3 = Q_3$，即 $Q_3 = 0$ 时，$F_3 = 0$；$Q_3 = 1$ 时，$F_3 = 1$。令 74HC138 的 $\overline{S_2} = \overline{S_3} = Q_3$，即 $Q_3 = 0$ 时，74HC138 译码，可以得到 F_1、F_2；$Q_3 = 1$ 时，74HC138 不译码，$\overline{F_0} \sim \overline{F_7}$ 全为 1。使 F_1、F_2 为 0，符合题目要求。按上述分析列出的真值表见表 5-15 右侧，由此画出逻辑图如图 5-55 所示。

表 5-15　习题 5-22 的表

正常情况							F₃=Q₃						
Q_3	Q_2	Q_1	Q_0	F_1	F_2	F_3	Q_3	Q_2	Q_1	Q_0	F_1	F_2	F_3
0	0	0	0	1	0	0	0	1	0	0	1	0	0
0	0	0	1	1	0	0	0	1	0	1	1	0	0
0	0	1	0	1	0	0	0	1	1	0	1	0	0
0	0	1	1	0	1	0	0	1	1	1	0	1	0
0	1	0	0	0	0	1	1	0	0	0	0	0	1
0	1	0	1	0	0	1	1	0	0	1	0	0	1
0	1	1	0	0	0	1	1	0	1	0	0	0	1
0	1	1	1	0	0	1	1	0	1	1	0	0	1
1	0	0	0	0	0	1	1	1	0	0	0	0	1
1	0	0	1	0	0	1	1	1	0	1	0	0	1
1	0	1	0	0	0	1	1	1	1	0	0	0	1

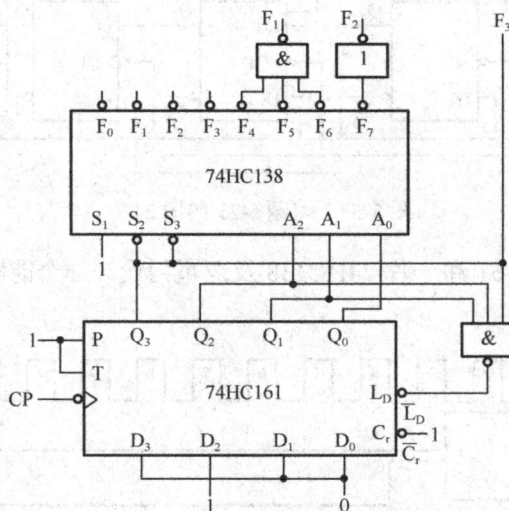

图 5-55　习题 5-22 的图 2

5-23　试用 JK 触发器设计一个三相六拍脉冲分配器。分配器的输出波形如图 5-56 所示。

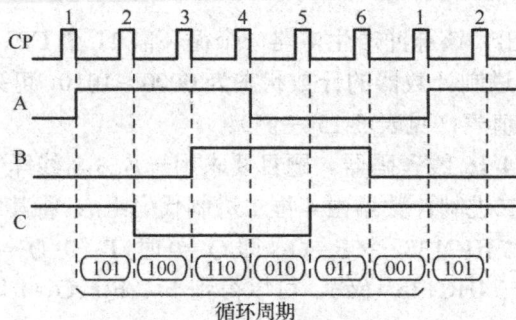

图 5-56　习题 5-23 的图 1

解：由图 5-56 所示波形可以看出，一个循环需 6 个 CP。令 Q_2=A，Q_1=B，Q_0=C，则可以画出次态卡诺图如图 5-57 所示。由次态卡诺图可以写出状态方程：

$$Q_0^{n+1} = \overline{Q_2^n} \cdot \overline{Q_0^n} + \overline{Q_1^n Q_2^n Q_0^n}, \quad Q_1^{n+1} = Q_2^n \overline{Q_0^n} \cdot \overline{Q_1^n} + \overline{Q_0^n Q_1^n}, \quad Q_2^{n+1} = \overline{Q_1^n} Q_0^n \overline{Q_2^n} + \overline{Q_1^n} Q_2^n$$

将状态方程与 JK 触发器特性方程 $Q^{n+1} = J\overline{Q^n} + \overline{K}Q^n$ 对比得

$$J_0 = \overline{Q_2^n}, \quad K_0 = \overline{Q_1^n Q_2^n}, \quad J_1 = Q_2^n \overline{Q_0^n}, \quad K_1 = \overline{Q_0^n}, \quad J_2 = \overline{Q_1^n} Q_0^n, \quad K_2 = \overline{Q_1^n}$$

由波形可知，触发器在下降沿触发，根据驱动方程画出逻辑图如图 5-58 所示。

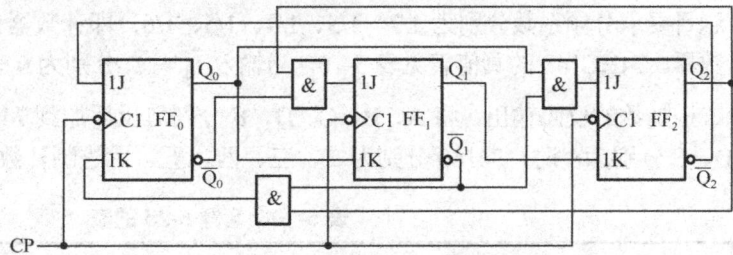

Q_2^n \ $Q_1^n Q_0^n$	00	01	11	10
0	001	101	001	011
1	110	100	001	010

图 5-57 习题 5-23 的图 2   图 5-58 习题 5-23 的图 3

5-24 设计一个数字钟电路，输入脉冲周期为 1 秒。要求能用七段数码管显示从 00 时 00 分 00 秒到 23 时 59 分 59 秒之间的任一时刻。

解：秒、分用 60 进制计数器，（小）时用 24 进制计数器。本题用 74160 计数器实现。用秒、分、小时个位的计数器进位 Q_{CC} 作为十位的时钟脉冲信号；秒向分、分向时钟的进位分别为个位的进位输出和十位的 Q_2、Q_0 的与非输出；（小）时实现逢 24 复 0 功能：用一个与非门对 24 进行译码（8421 码是 00100100），当计数到 24 时，与非门向计数器的清零端输出低电平，强迫整个计数器复位到全 0 状态。数字钟的逻辑图如图 5-59 所示。

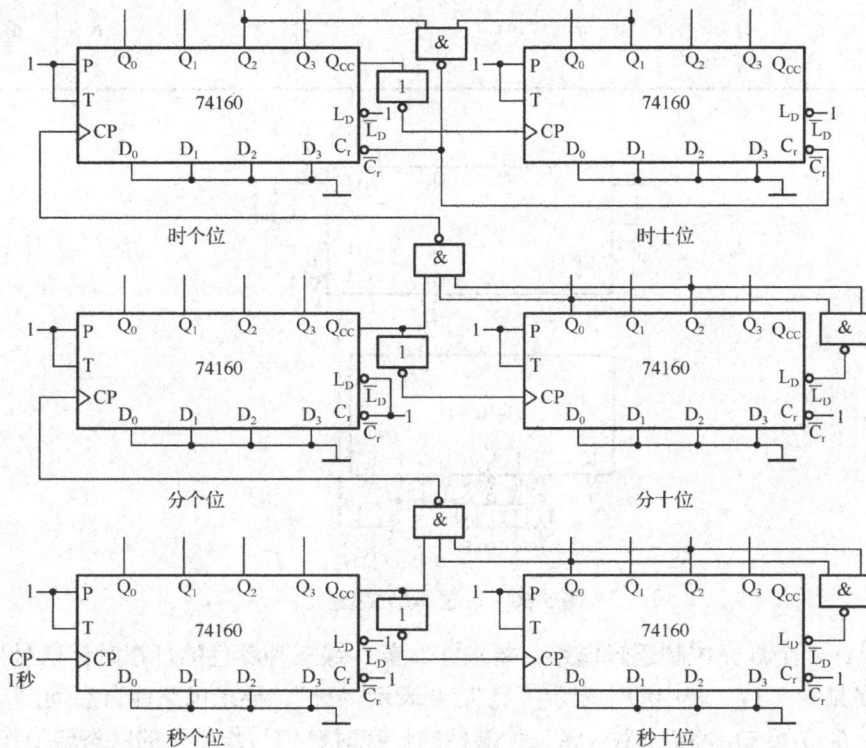

图 5-59 习题 5-24 的图

5-25 试用同步十进制计数器 74160 和 8-3 线优先编码器 74HC148 设计一个可控分频器。

要求在控制信号 A、B、C、D、E 分别为 1 时，分频比对应为 1/2、1/3、1/4、1/5、1/6。

解：脉冲分频电路是按比例降低输入脉冲重复频率的电路。如果电路的输入脉冲重复频率为 f_i，输出脉冲重复频率为 f_o，且 $f_i \geq f_o$，定义分频系数（分频比）如下：

$$N = f_i/f_o \quad (N \geq 1)$$

则称该电路是分频系数为 N 的分频电路，简称为 N 分频器，或 $\div N$ 电路。

题目要求分频系数分别为 1/2、1/3、1/4、1/5、1/6，即计数器分别为二、三、四、五、六进制计数器。74HC148 的真值表见表 5-16，当输入 $\bar{I_0} \sim \bar{I_7}$ 分别为 0 时，输出 $\bar{A_2}$、$\bar{A_1}$、$\bar{A_0}$ 分别为相应二进制数的反码输出，将 A、B、C、D、E 分别取反后加到 74160 的数据输入端，使 A、B、C、D、E 分别为 1 时，74160 分别为二、三、四、五、六进制计数器，逻辑图如图 5-60 所示。

表 5-16 习题 5-25 的表

	输　入								输　出				
$\bar{I_S}$	$\bar{I_0}$	$\bar{I_1}$	$\bar{I_2}$	$\bar{I_3}$	$\bar{I_4}$	$\bar{I_5}$	$\bar{I_6}$	$\bar{I_7}$	$\bar{A_2}$	$\bar{A_1}$	$\bar{A_0}$	$\bar{E}$	$\bar{S}$
1	×	×	×	×	×	×	×	×	1	1	1	1	1
0	1	1	1	1	1	1	1	1	1	1	1	1	0
0	×	×	×	×	×	×	×	0	0	0	0	0	1
0	×	×	×	×	×	×	0	1	0	0	1	0	1
0	×	×	×	×	×	0	1	1	0	1	0	0	1
0	×	×	×	×	0	1	1	1	0	1	1	0	1
0	×	×	×	0	1	1	1	1	1	0	0	0	1
0	×	×	0	1	1	1	1	1	1	0	1	0	1
0	×	0	1	1	1	1	1	1	1	1	0	0	1
0	0	1	1	1	1	1	1	1	1	1	1	0	1

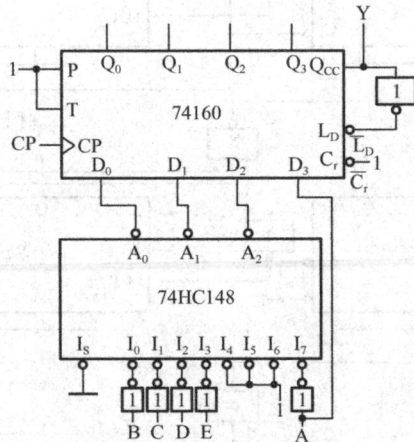

图 5-60 习题 5-25 的图

5-26　设计一个灯光控制逻辑电路。要求红、黄、绿三种颜色的灯在时钟信号作用下的状态转换顺序见表 5-17。表中的 1 表示"亮"，0 表示"灭"。要求电路能自启动。

解：由表 5-17 可知，将红、黄、绿三种颜色的灯在时钟信号作用下的状态转换作为输出，设为 $F_2F_1F_0$，利用 4 位二进制计数器 74HC161 实现八进制计数器，并用 3-8 线译码器对状态变量 $Q_2Q_1Q_0$ 进行译码，译码输出用于控制红、黄、绿三种颜色的灯。

表 5-17 习题 5-26 的表 1

CP 顺序	红	黄	绿
0	0	0	0
1	1	0	0
2	0	1	0
3	0	0	1
4	1	1	1
5	0	0	1
6	0	1	0
7	1	0	0
8	0	0	0

将状态变量和输出变量的取值组合列成真值表，见表 5-18。由真值表得 $F_2=m_1+m_4+m_7$，$F_1=m_2+m_4+m_6$，$F_0=m_3+m_4+m_5$，画出逻辑图如图 5-61 所示。

表 5-18 习题 5-26 的表 2

Q_3^n	Q_2^n	Q_1^n	Q_0^n	F_2	F_1	F_0
0	0	0	0	0	0	0
0	0	0	1	1	0	0
0	0	1	0	0	1	0
0	0	1	1	0	0	1
0	1	0	0	1	1	1
0	1	0	1	0	0	1
0	1	1	0	0	1	0
0	1	1	1	1	0	0

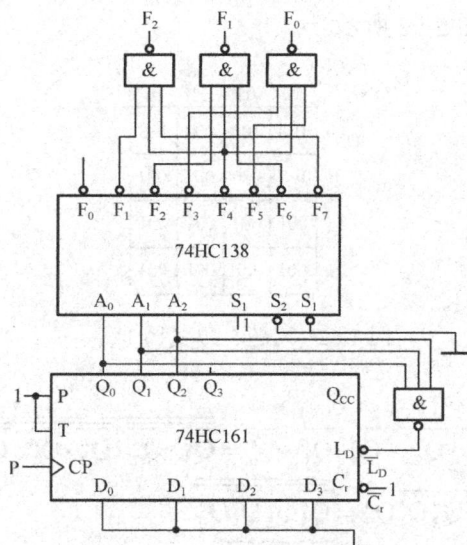

图 5-61 习题 5-26 的图

5-27 设计一个流水灯控制电路。要求红、黄、绿三种颜色的灯在秒脉冲作用下顺序、循环点亮。红、黄、绿灯每次亮的时间分别为 5 秒、1 秒、10 秒。要求列出真值表，画出逻辑图，并检查电路能否自启动。

解：题目要求红、黄、绿三种颜色的灯在秒脉冲作用下顺序、循环点亮，红、黄、绿灯每次亮的时间分别为 5 秒、1 秒、10 秒，时间和为 5+1+10=16，因此用 4 位二进制计数器 74HC161 和相应的门电路实现。根据题意，列出真值表如表 5-19 所示。

表 5-19　习题 5-27 的表

Q_3^n	Q_2^n	Q_1^n	Q_0^n	F_2	F_1	F_0
0	0	0	0	1	0	0
0	0	0	1	1	0	0
0	0	1	0	1	0	0
0	0	1	1	1	0	0
0	1	0	0	1	0	0
0	1	0	1	0	1	0
0	1	1	0	0	0	1
0	1	1	1	0	0	1
1	0	0	0	0	0	1
1	0	0	1	0	0	1
1	0	1	0	0	0	1
1	0	1	1	0	0	1
1	1	0	0	0	0	1
1	1	0	1	0	0	1
1	1	1	0	0	0	1
1	1	1	1	0	0	1

由真值表画出卡诺图如图 5-62 所示。

$Q_3^n Q_2^n$ \ $Q_1^n Q_0^n$	00	01	11	10
00	100	100	100	100
01	100	010	001	001
11	001	001	001	001
10	001	001	001	001

图 5-62　习题 5-27 的图 1

从而可得

$$F_2 = \overline{Q_3^n} \cdot \overline{Q_2^n} + \overline{Q_3^n} \cdot \overline{Q_1^n} \cdot \overline{Q_0^n} = \overline{\overline{Q_3^n} \cdot \overline{Q_2^n} \cdot \overline{Q_3^n} \cdot \overline{Q_1^n} \cdot \overline{Q_0^n}}$$

$$F_1 = \overline{Q_3^n} Q_2^n \overline{Q_1^n} Q_0^n = \overline{\overline{\overline{Q_3^n} Q_2^n \overline{Q_1^n} Q_0^n}}$$

$$F_0 = Q_3^n + Q_2^n Q_1^n = \overline{\overline{Q_3^n} \cdot \overline{Q_2^n Q_1^n}}$$

画出逻辑图如图 5-63 所示。

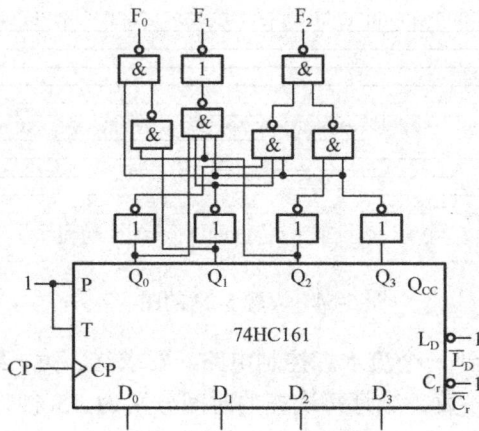

图 5-63　习题 5-27 的图 2

5-28　用 Verilog 语言设计一个带进位的同步 64 进制计数器，要求该计数器具有复位（清零）和使能功能。写出符合 Verilog 语言规范的用户源文件。

解：源程序如下，仿真结果如图 5-64 所示。

```
module Counter64(
    input   wire CP, CRn, LDn,
    input   wire ENP, ENT,
    input   wire [5:0] D,
    output reg [5:0] Q,
    output wire Qcc);
    assign Qcc = CRn & LDn & ( Q == 6'b111111 );
    always @( posedge CP or negedge CRn )
    begin
        if ( ~CRn ) begin
            Q <= 6'b000000; end
        else if ( ~LDn )
            Q <= D;
        else begin
            case ( {ENT, ENP})
                2'b11: if ( Q < 6'b111111 ) begin
                        Q <= Q + 1;     end
                    else if ( Q == 6'b111111 ) begin
                        Q <= 6'b000000;     end
                default: begin
                        Q <= Q;   end
            endcase
        end
    end
endmodule
```

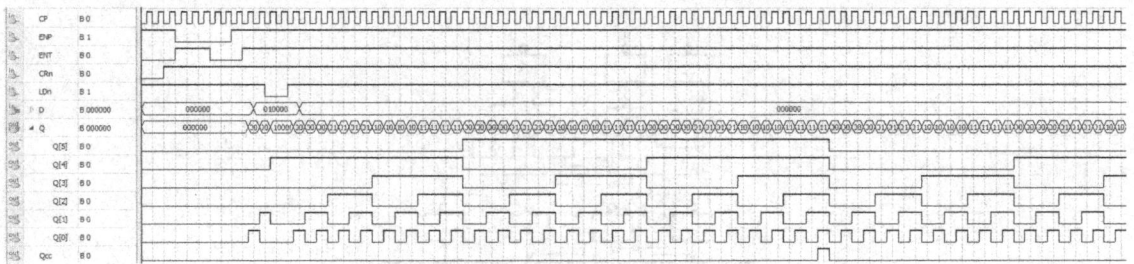

图 5-64　习题 5-28 的图

5-29　用 Verilog 语言设计一个流水灯控制电路。要求红、黄、绿三种颜色的灯在秒脉冲作用下顺序、循环点亮。红、黄、绿灯每次亮的时间分别为 15 秒、5 秒、20 秒。写出符合 Verilog 语言规范的用户源文件。

解：源程序如下，仿真结果如图5-65所示。

```
module ryg_lamp(
            input   wire   CLK,RESET,
            output   reg red_lamp,yellow_lamp,green_lamp
            );
    integer iq;
    always @ ( posedge CLK or negedge RESET )
    begin
        if(~RESET) begin
            iq<=0;
            red_lamp <=1'b0;
            yellow_lamp <=1'b0;
            green_lamp <=1'b0;
        end
        else if( (iq>=0) && (iq<15) )
        begin
            iq<=iq+1;
            red_lamp <=1'b1;
            yellow_lamp <=1'b0;
            green_lamp <=1'b0;
        end
        else if(iq<20 && iq>=15)
        begin
            iq<=iq+1;
            red_lamp <=1'b0;
            yellow_lamp <=1'b1;
            green_lamp <=1'b0;
        end
        else if (iq<40 && iq>=20)
```

```
        begin
            iq<=iq+1;
                red_lamp <=1'b0;
            yellow_lamp <=1'b0;
            green_lamp <=1'b1;
        end
        else if (iq>39)
        begin
            iq<=1;
            red_lamp <=1'b1;
            yellow_lamp <=1'b0;
            green_lamp <=1'b0;
        end
    end
endmodule
```

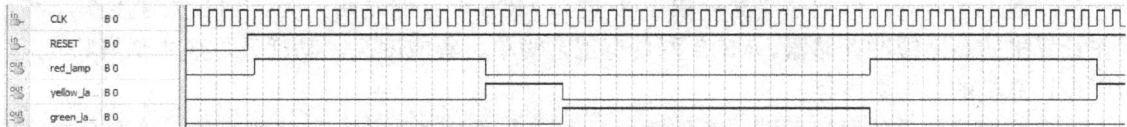

图 5-65　习题 5-29 的图

第6章　半导体存储器

6.1　学习要点

半导体存储器是一种由半导体器件构成的能够存储数据、运算结果、操作指令的逻辑部件，主要用于计算机的内存。本章重点内容是各种半导体存储器的基本结构、工作原理和使用方法，以及存储器的字、位扩展等。

1. 半导体存储器的特点及分类

半导体存储器具有体积小、集成度高、成本低、可靠性高、外围电路简单、与其他电路配合容易、易于批量生产等优点。

按制造工艺不同，可把存储器分成 TTL 型和 MOS 型存储器两大类。TTL 型速度快，常用作计算机的高速缓冲存储器。MOS 型具有工艺简单、集成度高、功耗低、成本低等特点，常用作计算机的大容量内存。

按存储二值信号的原理不同，存储器又分为静态存储器和动态存储器两种。静态存储器是以触发器为基本单元来存储 0 和 1 的，在不失电的情况下，触发器状态不会改变。而动态存储器利用电容存储电荷的效应来存储二值信号。电容漏电会导致信息丢失，因此要求定时对电容进行充电或放电。

按工作特点不同，半导体存储器分为只读存储器、随机存取存储器和顺序存取存储器。

2. 半导体存储器的技术指标

存储容量和存取周期是半导体存储器的两个主要技术指标。

（1）存储容量

用存储器的存储单元个数表示存储器的存储容量，即存储容量表示的是存储器中存放的二进制信息的多少。存储容量应表示为字数乘以位数。例如，某存储器能存储 1024 个字，每个字 4 位，那么它的存储容量就为 1024×4=4096 位，即该存储器有 4096 个存储单元。

选中哪些存储单元，由地址译码器的输出来决定，即由地址码来决定。地址码的位数 n 与字数之间存在 "2^n=字数" 的关系。如果某存储器有 10 个地址输入端，它就能存 2^{10}=1024 个字。

（2）存取周期

存储器的性能取决于存储器的存取速度。存储器的存取速度用存取周期或读写周期来表征。把连续两次读（写）操作间隔的最短时间称为存取周期。对存储器读（写）操作后，其内部电路还需要一段恢复时间才能进行下一次读（写）操作。存取周期取决于存储介质的物理特性，也取决于所使用的读出机构的类型。

3. 只读存储器

半导体只读存储器（Read-Only Memory，ROM）是存储固定信息的存储器。其特点是电路结构简单，电路形式和规格比较统一，在操作过程中只能读出信息，不能写入。通常用其存放固定的数据和程序，如计算机系统的引导程序、监控程序、函数表、字符等。ROM 为非易失性存储器，去掉电源后，所存信息不会丢失。

ROM 按存储内容的写入方式不同，可分为固定 ROM、可编程只读存储器（Programmable Read-Only Memory，PROM）和可擦可编程只读存储器（Erasable Programmable Read-Only Memory，EPROM）。

4．随机存取存储器

随机存取存储器（Random Access Memory，RAM）可以随时从任意一个指定地址存入（写入）或取出（读出）信息。在计算机中，RAM 用作内存和高速缓冲存储器。按工作原理不同，RAM 分为静态 RAM 和动态 RAM。按所用器件不同，静态 RAM 又分为双极型和 MOS 型。动态 RAM 与静态 RAM 的区别：动态 RAM 中信息的存储单元由门控管和电容组成，用电容上是否存储电荷表示存 1 或存 0。为防止因电荷泄漏而丢失信息，需要周期性地对这种存储器的内容进行重写，称为刷新。动态 MOS 型 RAM 存储单元电路主要是三管和单管结构。

动态存储器的电路结构比静态存储器的结构简单，所以动态存储器可以达到更高的集成度。但动态存储器不如静态存储器使用方便，存取数据的速度也比静态存储器慢得多。

2114 是 Intel 公司的静态 MOS 型 RAM，其为 1024×4 位 RAM，可以选择 4 位的字 1024 个。

5．RAM 的扩展

RAM 的种类很多，存储容量有大、有小。当一片 RAM 不能满足存储容量的要求时，就需要将若干片 RAM 组合起来，构成满足存储容量要求的存储器。RAM 的扩展分为位扩展和字扩展两种。

（1）位扩展

若一片 RAM 的字数满足要求，而位数不够，应采用位扩展。字数满足要求，就是地址线满足要求。只要将若干片 RAM 并接起来，所有芯片的位线加起来作为扩展后的位线，便可以实现位扩展。

实现位扩展的原则如下。

① 多个单片 RAM 的 I/O 端并行输出，作为 RAM 的输出端—数据线或称位线。例如，两片 4 位 RAM 的 I/O 端并行输出，得到 8 位 RAM。

② 多个单片 RAM 的端接到一起，作为 RAM 的片选端（多个单片 RAM 同时被选中）。

③ 多个单片 RAM 的地址端对应接到一起，作为 RAM 的地址输入端。

④ 多个单片 RAM 的 R/$\overline{\text{W}}$ 端接到一起，作为 RAM 的读/写控制端（RAM 的 R/$\overline{\text{W}}$ 读写控制端只能有一个）。

（2）字扩展

若 RAM 的数据位位数足够，而字数达不到要求，则需要进行字扩展。字数增加，地址线数就要相应增加。例如，256×8 位 RAM 的地址线数为 8 根，而 1024×8 位 RAM 的地址线数为 10 根。

实现字扩展的原则如下。

① 多个单片 RAM 的 I/O 端并接，作为 RAM 的 I/O 端（不需要位扩展）。

② 多个单片 RAM 构成字扩展之后，每次访问只能选中一片，具体选中哪一片将由字扩展后

多出的地址线决定。多出的地址线经输出低电平有效的译码器译码,接至各个单片 RAM 的 $\overline{\text{CS}}$ 端。

③ 多个单片 RAM 的地址端对应接到一起,作为 RAM 的低位地址输入端。

④ 多个单片 RAM 的 R/$\overline{\text{W}}$ 端接到一起,作为 RAM 的读/写控制端(RAM 的 R/$\overline{\text{W}}$ 读写控制端只能有一个)。

6.2 教学要求

1. 理解 ROM 和 RAM 的电路结构、工作原理及扩展容量的方法。
2. 理解并掌握用 ROM 实现组合逻辑函数的方法。

6.3 解题指导

本章习题主要涉及存储器容量扩展和用存储器构成组合电路的分析,以及用 ROM 实现组合电路的设计。对于多输入、多输出的任意组合电路,可以利用存储器实现。用存储器实现组合电路的一般步骤如下。

(1)根据原始设计要求进行逻辑抽象,得到真值表。

(2)选择存储器芯片,要求存储器芯片的地址输入端数应大于或等于输入变量数,芯片的数据输出端数应大于或等于函数输出端数量。

(3)将输入变量接到存储器芯片的地址输入端,取存储器芯片的数据输出端作为函数输出端,并从真值表得到与之对应的存储器数据表。

(4)将得到的数据表按地址写入存储器中,得到所设计的组合电路。

【例 6-1】试写出图 6-1 所示阵列图的逻辑函数表达式和真值表,并说明其功能。

解:由与阵列的输出为 AB 的最小项和阵列图可知,有实心点"•"的为 1,无"•"的为 0,由此可以写出:

$$F_0 = W_3 = AB$$
$$F_1 = W_1 + W_2 + W_3 = \overline{A}B + A\overline{B} + AB = A + B$$
$$F_2 = \overline{A}B + A\overline{B} = A \oplus B$$
$$F_3 = W_0 + W_1 + W_2 = \overline{A}\,\overline{B} + \overline{A}B + A\overline{B} = \overline{A} + \overline{B} = \overline{AB}$$

从上述表达式可以看出,图 6-1 所示阵列图实现了输入变量 A 和 B 的 4 种逻辑运算:与、或、异或和与非。列出真值表见表 6-1。

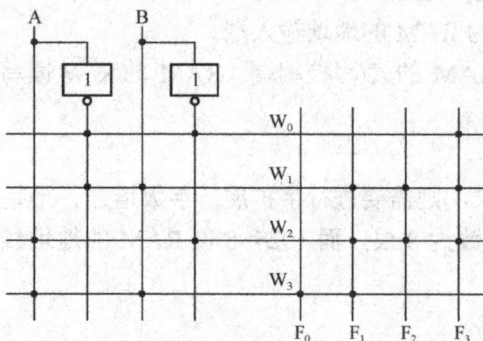

图 6-1 例 6-1 的图

表 6-1 例 6-1 的表

A	B	F_0	F_1	F_2	F_3
0	0	0	0	0	1
0	1	0	1	1	1
1	0	0	1	1	1
1	1	1	1	0	0

【例6-2】试用 EPROM 设计一个能将 4 位二进制数转换为 4 位循环码的代码转换电路，要求列出代码转换电路的真值表，画出阵列图。

解： 4 位二进制数转换为 4 位循环码的真值表见表 6-2。由于输入变量和输出变量均为 4 位，故 EPROM 必须有 4 个地址输入端和 4 根数据线。所以选用 16×4 位的 EPROM。

表 6-2　例 6-2 的表

B_3	B_2	B_1	B_0	G_3	G_2	G_1	G_0
0	0	0	0	0	0	0	0
0	0	0	1	0	0	0	1
0	0	1	0	0	0	1	1
0	0	1	1	0	0	1	0
0	1	0	0	0	1	1	0
0	1	0	1	0	1	1	1
0	1	1	0	0	1	0	1
0	1	1	1	0	1	0	0
1	0	0	0	1	1	0	0
1	0	0	1	1	1	0	1
1	0	1	0	1	1	1	1
1	0	1	1	1	1	1	0
1	1	0	0	1	0	1	0
1	1	0	1	1	0	1	1
1	1	1	0	1	0	0	1
1	1	1	1	1	0	0	0

因为与、或阵列的输出均为最小项和其表达式，所以用 ROM 设计组合电路无须化简。由表 6-2 画出阵列图比较直观，如图 6-2 所示。

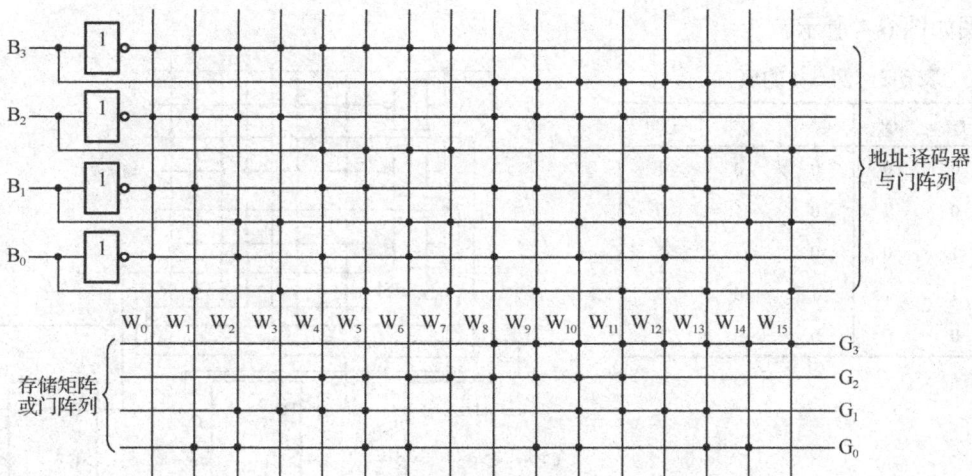

图 6-2　例 6-2 的图

【例6-3】试用 256×4 位的 RAM 扩展成 1024×8 位存储器。

解： 扩展成 1024×8 位存储器所需 256×4 位 RAM 的片数：

$$C = \frac{\text{总存储容量}}{\text{一片的存储容量}} = \frac{1024 \times 8\text{位}}{256 \times 4\text{位}} = 8\text{片}$$

两片 256×4 位 RAM 并接实现位扩展，达到 8 位的要求。根据 2^n=字数，求得 1024 个字的地址线数 n=10，256 字的存储器只有 8 根地址线，多余的两根地址线 A_9A_8 需要接 2-4 线译码器输入端，译码器的输出端对应接两片 256×4 位 RAM 的 $\overline{CS}$ 端，连接方式如图 6-3 所示。

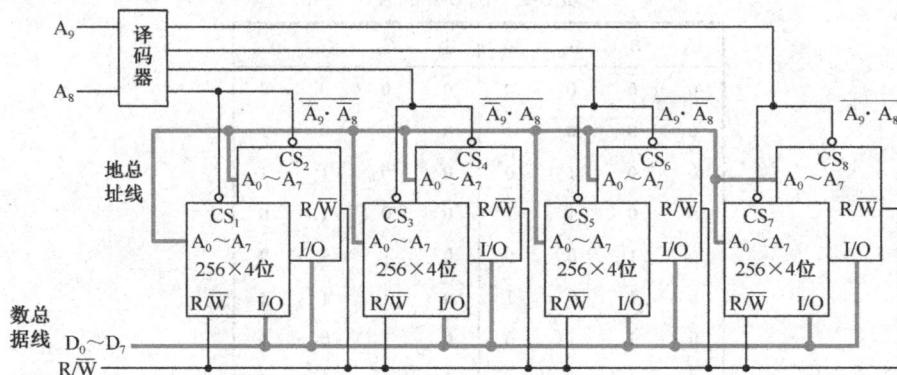

图 6-3　例 6-3 的图

【例 6-4】用 ROM 和 D 触发器设计一个同步五进制加法计数器。

解：此题用 ROM 实现逻辑函数，首先按照时序电路的设计方法得出触发器的驱动方程，再用 ROM 实现组合电路实现驱动方程。设计一个同步五进制加法计数器，需要 3 个 D 触发器。取 $Q_2Q_1Q_0$ 状态循环为 000→001→010→011→100→000，则列出电路的状态转换表，见表 6-3。因此可得

$$Q_2^{n+1} = \overline{Q_2^n}Q_1^nQ_0^n, \quad Q_1^{n+1} = \overline{Q_2^n} \cdot \overline{Q_1^n}Q_0^n + \overline{Q_2^n}Q_1^n\overline{Q_0^n}, \quad Q_0^{n+1} = \overline{Q_2^n} \cdot \overline{Q_0^n}$$

由于 D 触发器的特性方程 $Q^{n+1} = D$，因此可得

$$D_2 = \overline{Q_2^n}Q_1^nQ_0^n = m_3, \quad D_1 = \overline{Q_2^n} \cdot \overline{Q_1^n}Q_0^n + \overline{Q_2^n}Q_1^n\overline{Q_0^n} = m_1 + m_2, \quad D_0 = \overline{Q_2^n} \cdot \overline{Q_0^n} = m_0 + m_2$$

可以采用具有 3 根地址线的 ROM 实现 D_0、D_1 和 D_2 的逻辑函数，ROM 的点阵图和 D 触发器的连接图如图 6-4 所示。

表 6-3　例 6-4 的表

Q_2^n	Q_1^n	Q_0^n	Q_2^{n+1}	Q_1^{n+1}	Q_0^{n+1}
0	0	0	0	0	1
0	0	1	0	1	0
0	1	0	0	1	1
0	1	1	1	0	0
1	0	0	0	0	0

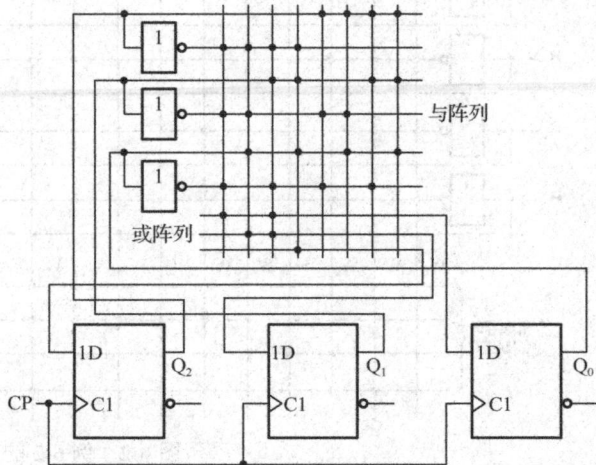

图 6-4　例 6-4 的图

【例6-5】由时序电路74HC161 4位二进制计数器和ROM组成的逻辑图如图6-5所示。试画出8个CP下Q_0、Q_1、Q_2、F_1、F_2各点的输出波形。设计数器初始状态为$Q_3Q_2Q_1Q_0=1111$。

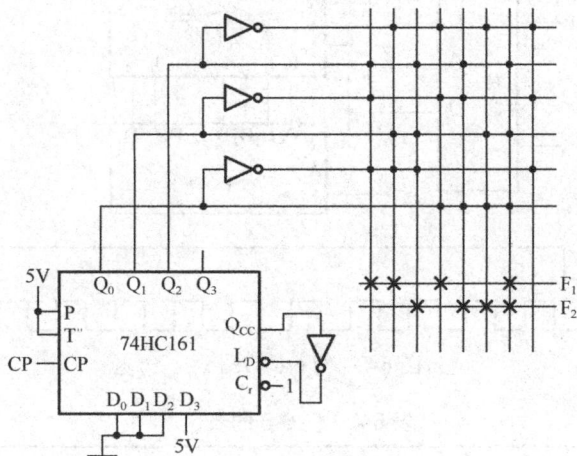

图6-5 例6-5的图1

解： 此题为ROM和计数器组成电路的分析，首先分析74HC161的计数循环，再根据ROM点阵图可得出F_1、F_2的波形。

由ROM的点阵图，可以得出：

$$F_1 = Q_2\overline{Q_1}\cdot\overline{Q_0} + \overline{Q_2}Q_1\overline{Q_0} + \overline{Q_2}\cdot\overline{Q_1}Q_0 + Q_2Q_1Q_0$$
$$= Q_2 \oplus Q_1 \oplus Q_0$$

$$F_2 = Q_2Q_1\overline{Q_0} + Q_2\overline{Q_1}Q_0 + \overline{Q_2}Q_1Q_0 + Q_2Q_1Q_0$$
$$= Q_2Q_1 + Q_2Q_0 + Q_1Q_0$$

而74HC161的进位端取反后接置数端置数，即当$Q_3Q_2Q_1Q_0=1111$时，计数器置数1000，因此74HC161的时间计数循环为$1000\to1001\to1010\to1011\to1100\to1101\to1110\to1111\to$ 1000，为八进制计数器。因此可以画出Q_0、Q_1、Q_2、F_1、F_2各点的输出波形，如图6-6所示。

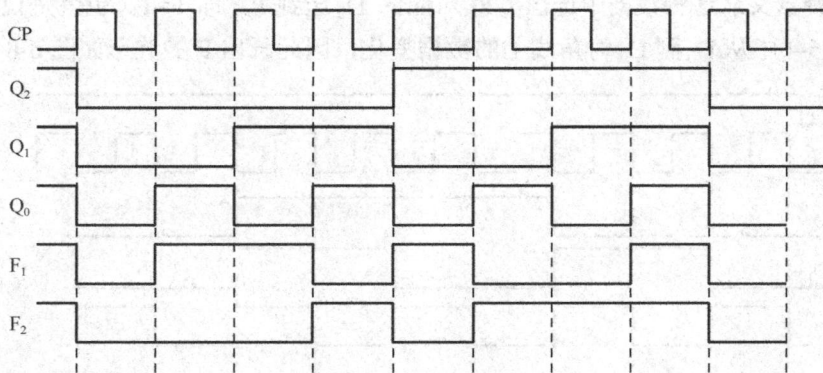

图6-6 例6-5的图2

【例6-6】由3位二进制加法计数器、ROM和八选一数据选择器组成的电路如图6-7所示。ROM内容见表6-4。画出在CP、$\overline{R}_D$作用下F的波形。其中$\overline{R}_D$为异步清零端。

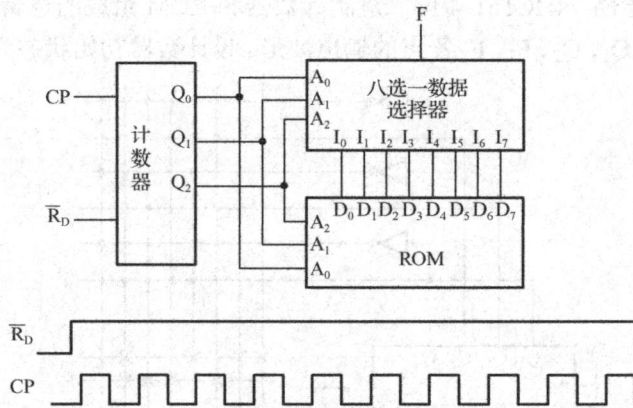

图 6-7　例 6-6 的图 1

表 6-4　例 6-6 的表

A_2	A_1	A_0	D_0	D_1	D_2	D_3	D_4	D_5	D_6	D_7
0	0	0	1	0	0	0	0	0	0	1
0	0	1	1	1	0	0	0	0	0	0
0	1	0	0	0	0	0	1	0	0	0
0	1	1	0	0	1	1	0	0	0	1
1	0	0	0	1	1	1	0	1	1	0
1	0	1	0	1	1	0	1	1	1	0
1	1	0	0	1	1	0	1	0	1	0
1	1	1	1	0	0	1	0	1	0	0

解： 根据图 6-7，$\overline{R}_D$ 首先将计数器清零，然后计数器在 CP 作用下依次进行加法计数。随着计数值的变化，选择 ROM 中不同存储单元的内容输出到数据选择器中。而八选一数据选择器根据计数值选择一个数据送到 F 输出。例如，当计数值 $Q_2Q_1Q_0=000$ 时，首先从表 6-4 中选出地址 000 对应的存储单元中的数据 10000001 送入八选一数据选择器，而八选一数据选择器又从这些数据中选出 000 对应的 D_0 送到 F，即 F=1。也就是说，F 在 CP 作用下按照表 6-4 中从 D_0 到 D_7 对角线上的数据变化，因此画出 F 的波形如图 6-8 所示。

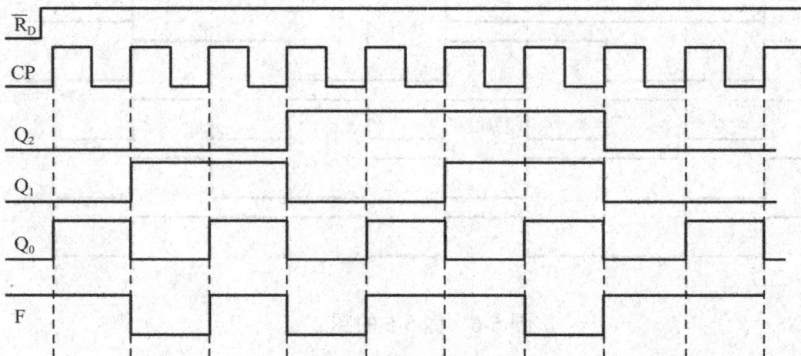

图 6-8　例 6-6 的图 2

6.4 习题答案

6-1 为什么用 ROM 可以实现逻辑函数？

解：ROM 的存储矩阵由与阵列和或阵列组成。与阵列的输入为地址码，输出为地址译码器的输出，包含了全部输入变量的最小项。或阵列的输出（数据输出）为最小项之和。这样，用具有 2^n 个译码输出和 m 位数据输出的 ROM，可以得到一组最多为 m 个输出的 n 个变量的逻辑函数。

6-2 已知固定 ROM 中存放的 4 个 4 位二进制数为 0101、1010、0010、0100，试画出 ROM 的点阵图。

解：4 位二进制数 0101、1010、0010、0100 的点阵图如图 6-9 所示。

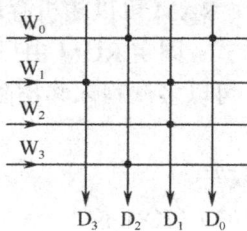

图 6-9　习题 6-2 的图

6-3 ROM 点阵图及地址线上的波形如图 6-10 所示，试画出 $D_3 \sim D_0$ 线上的波形。

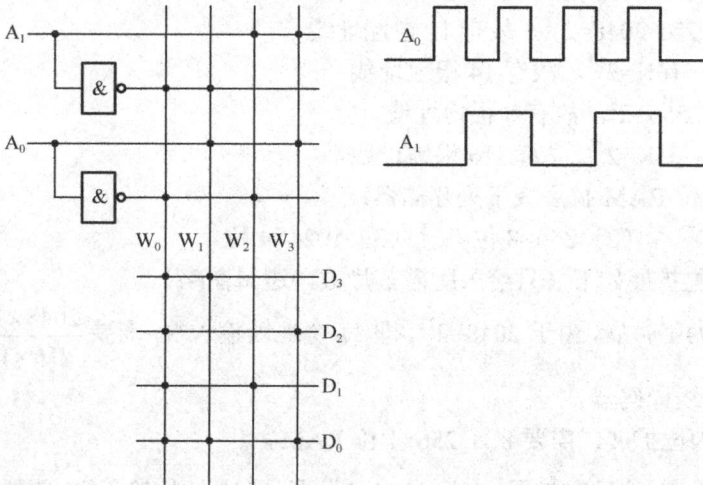

图 6-10　习题 6-3 的图 1

解：由图 6-10 所示的 ROM 点阵图可得

$$D_3 = W_0 + W_1 = \overline{A}_1\overline{A}_0 + \overline{A}_1 A_0 = \overline{A}_1$$

$$D_2 = W_0 + W_3 = \overline{A}_1\overline{A}_0 + A_1 A_0 = \overline{A_1 \oplus A_0}$$

$$D_1 = W_0 + W_2 = \overline{A}_1\overline{A}_0 + A_1\overline{A}_0 = \overline{A}_0$$

$$D_0 = W_0 + W_1 + W_3 = \overline{A}_1\overline{A}_0 + \overline{A}_1 A_0 + A_1 A_0 = \overline{A}_1 + A_0$$

由上述表达式画出波形如图 6-11 所示。

图 6-11   习题 6-3 的图 2

6-4   ROM 和 RAM 有什么相同和不同之处？ROM 写入信息有几种方式？

解：ROM 和 RAM 都是存储器，可以用来写入二进制信息。不同之处是，ROM 写入之后不能擦除（只能通过特殊方法擦除），RAM 可以随机存取信息。

向 ROM 中写入信息有以下几种方式：固定 ROM 由厂家写入；可编程 ROM 由用户将熔丝通过大电流写入；可擦可编程 ROM 可以多次写入和擦除信息，但需要经过专门的编程器，如光和电擦除等。

6-5   下列 RAM 各有多少根地址线？

（1）512×2 位   （2）1K×8 位   （3）2K×1 位

（4）16K×1 位   （5）256×4 位   （6）64K×1 位

解：（1）512×2 位：512=2^9，故有 9 根地址线。

（2）1K×8 位：1K=1024=2^{10}，故有 10 根地址线。

（3）2K×1 位：2K=2048=2^{11}，故有 11 根地址线。

（4）16K×1 位：16K=2^{14}，故有 14 根地址线。

（5）256×4 位：256=2^8，故有 8 根地址线。

（6）64K×1 位：64K=2^{16}，故有 16 根地址线。

6-6   将 256×1 位 RAM 扩展成下列存储器：

（1）2048×1 位   （2）256×8 位   （3）1024×4 位

解：将 256×1 位扩展如下（只给出所需芯片数，逻辑图略）。

（1）2048×1 位为字扩展，由于 2048=2^{11}，即 11 个地址输入端，需要 $\dfrac{2048×1位}{256×1位}=8$ 片 256×1

位 RAM，一个 3-8 线译码器。

（2）256×8 位为位扩展，需要 8 片 256×1 位 RAM。

（3）1024×4 位为字、位同时扩展，由于 1024=2^{10}，即 10 个地址输入端，需要 $\dfrac{1024×4位}{256×1位}=16$

片 256×1 位 RAM，一个 2-4 线译码器。

6-7   设一片 RAM 的字数为 n，位数为 d，扩展后的数字为 N，位数为 D，给出计算片数 x 的公式。

解：根据题目，可得片数 x 为

$$x=\frac{扩展后的存储容量}{单片的存储容量}=\frac{N×D}{n×d}$$

6-8   4 片 16×4 位 RAM 和逻辑门构成的电路如图 6-12 所示。试回答：

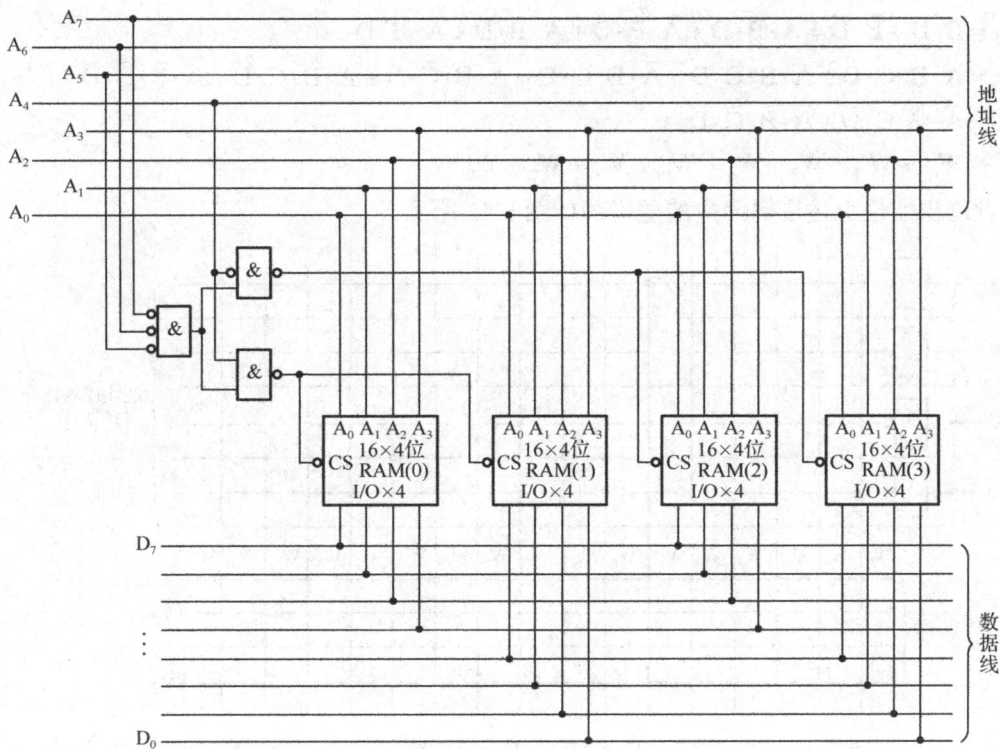

图 6-12　习题 6-8 的图

（1）单片 RAM 的存储容量和扩展后的 RAM 总容量各是多少？

（2）图 6-12 所示电路的扩展属于位扩展、字扩展？还是位、字扩展都有？

（3）当地址码为 00010110 时，RAM（0）～RAM（3）中的哪几片被选中？

解：（1）单片 RAM 的存储容量是 16×4=64 个存储单元，扩展后的 RAM 总容量为 25×8=256 个存储单元。

（2）图 6-12 所示电路为位、字扩展都有。

（3）当地址码为 00010110 时，RAM（0）～RAM（3）中的 RAM（0）和 RAM（1）片选端有效，因此被选中。

6-9　用 ROM 设计一个组合电路，用来产生下列逻辑函数，画出点阵图。

$$\begin{cases} Y_1 = \overline{A}\cdot\overline{B}\cdot\overline{C}\cdot\overline{D}+\overline{A}\cdot B\cdot\overline{C}\cdot D+A\cdot\overline{B}\cdot C\cdot\overline{D}+A\cdot B\cdot C\cdot D \\ Y_2 = \overline{A}\cdot\overline{B}\cdot C\cdot\overline{D}+\overline{A}\cdot B\cdot C\cdot D+A\cdot\overline{B}\cdot\overline{C}\cdot\overline{D}+A\cdot B\cdot\overline{C}\cdot D \\ Y_3 = \overline{A}\cdot B\cdot D+\overline{B}\cdot C\cdot\overline{D} \\ Y_4 = B\cdot D+\overline{B}\cdot\overline{D} \end{cases}$$

解：由题目给定的逻辑函数可知：

$Y_1 = \overline{A}\cdot\overline{B}\cdot\overline{C}\cdot\overline{D}+\overline{A}\cdot B\cdot\overline{C}\cdot D+A\cdot\overline{B}\cdot C\cdot\overline{D}+A\cdot B\cdot C\cdot D = W_0+W_5+W_{10}+W_{15}$

$Y_2 = \overline{A}\cdot\overline{B}\cdot C\cdot\overline{D}+\overline{A}\cdot B\cdot C\cdot D+A\cdot\overline{B}\cdot\overline{C}\cdot\overline{D}+A\cdot B\cdot\overline{C}\cdot D = W_2+W_7+W_8+W_{13}$

$Y_3 = \overline{A}\cdot B\cdot D+\overline{B}\cdot C\cdot\overline{D}=\overline{A}\cdot B\cdot C\cdot D+\overline{A}\cdot B\cdot\overline{C}\cdot D+A\cdot\overline{B}\cdot C\cdot\overline{D}+\overline{A}\cdot\overline{B}\cdot C\cdot\overline{D}$

$\qquad = W_7+W_5+W_{10}+W_2$

$$Y_4 = B \cdot D + \overline{B} \cdot \overline{D} = A \cdot B \cdot D + \overline{A} \cdot B \cdot D + A \cdot \overline{B} \cdot \overline{D} + \overline{A} \cdot \overline{B} \cdot \overline{D}$$
$$= A \cdot B \cdot C \cdot D + A \cdot B \cdot \overline{C} \cdot D + \overline{A} \cdot B \cdot C \cdot D + \overline{A} \cdot B \cdot \overline{C} \cdot D + A \cdot \overline{B} \cdot C \cdot \overline{D} + A \cdot \overline{B} \cdot \overline{C} \cdot \overline{D} +$$
$$\overline{A} \cdot \overline{B} \cdot C \cdot \overline{D} + \overline{A} \cdot \overline{B} \cdot \overline{C} \cdot \overline{D}$$
$$= W_{15} + W_{13} + W_7 + W_5 + W_{10} + W_8 + W_2 + W_0$$

由此画出实现上述逻辑函数的逻辑图如图 6-13 所示。

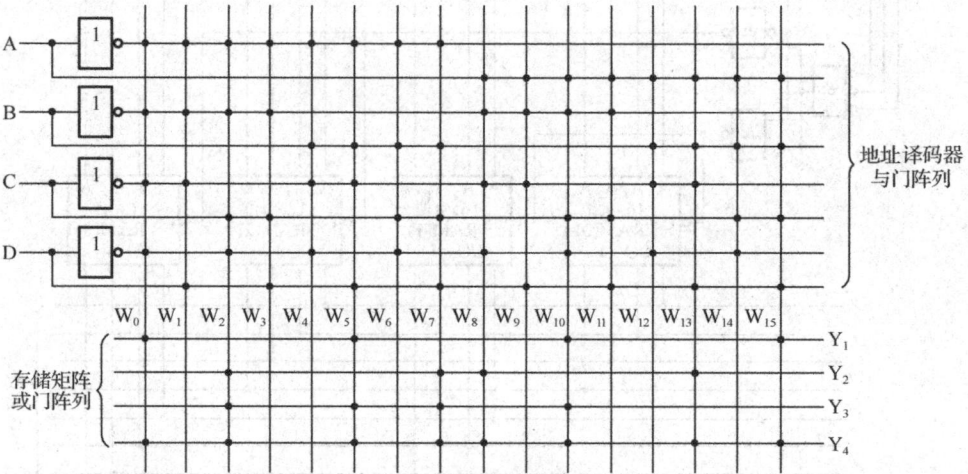

图 6-13　习题 6-9 的图

6-10　由 16×4 位 ROM 和 4 位二进制加法计数器 74HC161 组成的脉冲分配电路如图 6-14 所示，ROM 的输入、输出关系见表 6-5。试画出在 CP 信号作用下 D_3、D_2、D_1、D_0 的波形。

表 6-5　习题 6-10 的表

地 址 输 入				数 据 输 出			
A_3	A_2	A_1	A_0	D_3	D_2	D_1	D_0
0	0	0	0	1	1	1	1
0	0	0	1	0	0	0	0
0	0	1	0	0	0	1	1
0	0	1	1	1	0	0	0
0	1	0	0	0	1	0	1
0	1	0	1	1	0	1	0
0	1	1	0	1	0	0	0
0	1	1	1	1	0	0	0
1	0	0	0	1	1	1	1
1	0	0	1	1	1	0	0
1	0	1	0	0	0	0	1
1	0	1	1	0	0	0	0
1	1	0	0	0	1	0	0
1	1	0	1	0	0	0	0
1	1	1	0	0	1	1	1
1	1	1	1	0	0	0	0

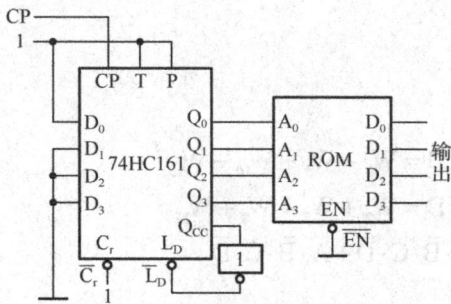

图 6-14　习题 6-10 的图 1

解：由图 6-14 可见，74HC161 的输入 $D_3D_2D_1D_0$ 为 0001，进位输出 Q_{CC} 通过非门送给预置数端 $\overline{L}_D$，构成了十五进制计数器。根据表 6-5 中数据输出和地址输入之间的关系可以画出在 CP 作用下 D_3、D_2、D_1、D_0 的波形，如图 6-15 所示。

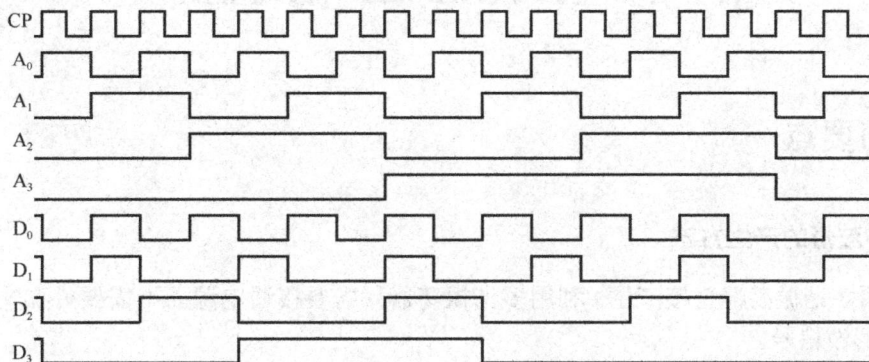

图 6-15　习题 6-10 的图 2

第7章 脉冲波形的产生与整形

7.1 学习要点

1. 脉冲波形的产生方法

（1）利用多谐振荡器直接产生。利用多谐振荡器只需要接通电源而不需要外加输入信号，即可产生矩形波信号。

（2）利用脉冲整形电路获取所需脉冲信号。脉冲整形电路不能自动产生矩形波，但能把其他周期信号整形成所需的矩形波。

最常用的脉冲整形电路主要有施密特触发电路和单稳态电路两种。

2. 多谐振荡器

（1）多谐振荡器：通电后能自动产生矩形波的自激振荡器。电路无稳定状态，只有两个暂态，并且它们之间可相互转换。

（2）多谐振荡器的振荡产生方法：可利用正反馈或强度足够的负反馈来产生振荡。

（3）多谐振荡器构成与分类见表 7-1。

表 7-1　多谐振荡器构成与分类

多谐振荡器类型	逻 辑 图	指 标 计 算
555 定时器构成		振荡周期： $T \approx 0.7(R_1+2R_2)C$ 占空比： $q=(R_1+R_2)/(R_1+2R_2)$
门电路构成		振荡周期： $T \approx 1.4RC$ 主要用于频率要求不高的场合
石英晶体构成		振荡频率为石英晶体本身固有的谐振频率 f_0

3．单稳态电路

单稳态电路：在一次触发信号的作用下，能在输出端上输出一定宽度的矩形脉冲后又恢复到原来稳定状态的电路。

单稳态电路具有一个稳态和一个暂态。在外界触发信号的作用下，电路能从稳态转入暂态，而暂态不能长久保持，维持一定时间后，电路将自动返回稳态。单稳态电路构成与分类见表 7-2。

表 7-2　单稳态电路构成与分类

单稳态电路类型	逻 辑 图	指 标 计 算
555 定时器构成	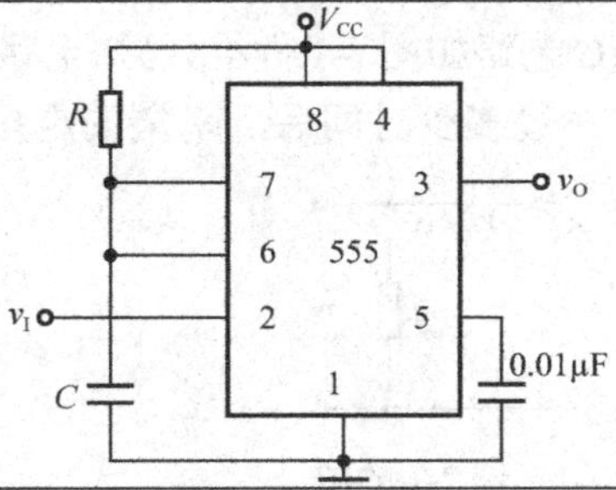	（1）下降沿触发 （2）输出脉冲宽度： $T_W = 1.1RC$
门电路构成	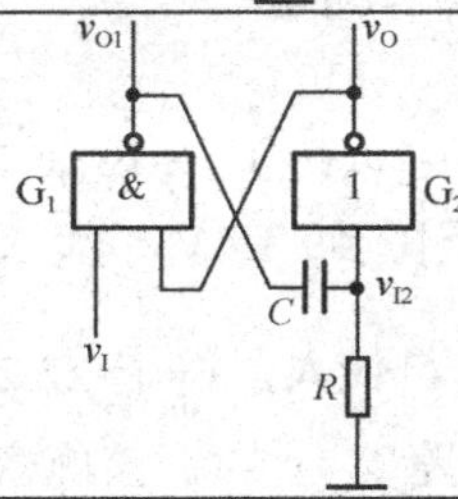	（1）下降沿触发 （2）输出脉冲宽度： $T_W \approx 0.69RC$

4．施密特触发电路

施密特触发电路又称滞回比较器，是一种用于进行脉冲波形变换的电路。它有两个稳态：输出高电平稳态和输出低电平稳态。施密特触发电路构成与分类如表 7-3 所示。

表 7-3　施密特触发电路构成与分类

施密特触发电路类型	逻 辑 图	阈 值 电 压
555 定时器构成	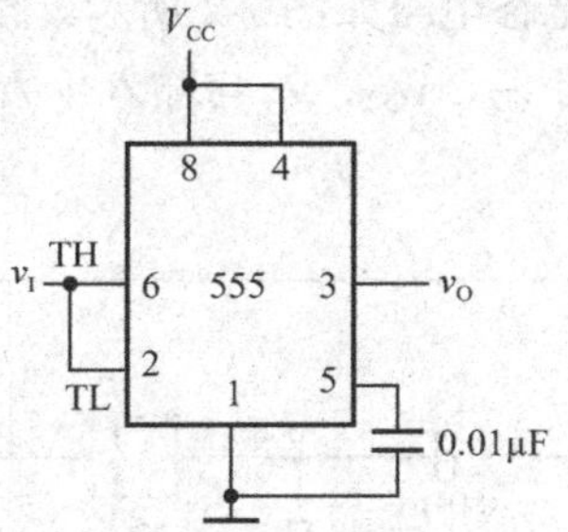	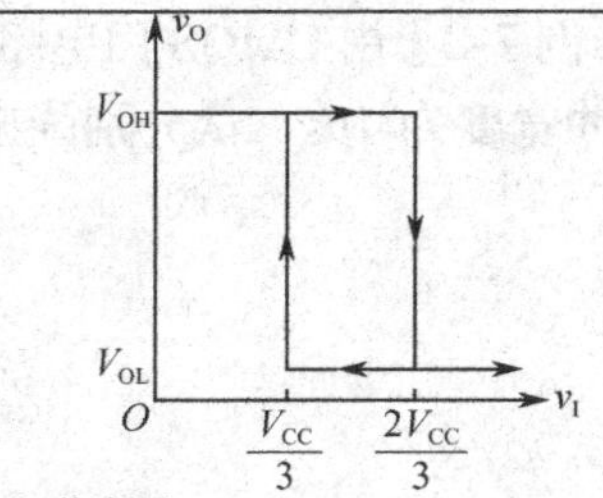 阈值电压： $V_{T+} = 2V_{CC}/3$，　$V_{T-} = V_{CC}/3$
门电路构成	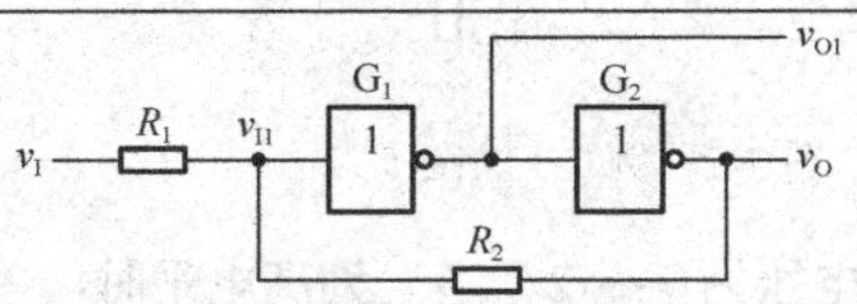	阈值电压： $V_{T+} \approx \left(1 + \dfrac{R_1}{R_2}\right)\dfrac{V_{DD}}{2}$，　$V_{T-} \approx \left(1 - \dfrac{R_1}{R_2}\right)\dfrac{V_{DD}}{2}$

7.2 教学要求

1. 了解 555 定时器的工作原理。

2. 掌握用 555 定时器构成的单稳态电路、多谐振荡器和施密特触发电路的工作原理及应用。

3. 掌握用门电路构成的多谐振荡器、单稳态电路和施密特触发电路的工作原理。

7.3 解题指导

【例7-1】一阶RC电路分析法。一阶RC电路如图7-1所示。已知电路参数E=3.6V，R=500Ω，C=0.047μF。若在 t=0 时将开关 S 合上，经过多少时间后，v_O 端的电压为 1.4V。

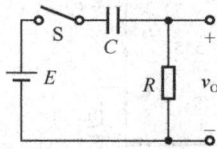

图 7-1 例 7-1 的图

解： 利用三要素公式求解 $v_O(t) = v_O(\infty) - [v_O(\infty) - v_O(0)]e^{-\frac{t}{\tau}}$，$\tau = RC$，$v_O(0) = 3.6V$，$v_O(\infty) = 0V$。在 $t=T$ 时刻，设 v_O 端的电压降到 1.4V，代入上面的三要素公式，得到 $1.4 = 0 - [0-3.6]e^{-\frac{T}{RC}}$，解得 $T=0.94RC$，将 R、C 代入，得 $T=22.2\mu s$。

【例7-2】555 定时器构成的施密特触发电路 V_{CC}=5V。该施密特触发电路的ΔV_T 一定等于 $\frac{1}{3}V_{CC} = \frac{5}{3}$V，这种说法对吗？为什么？

解： ΔV_T 一定等于 $\frac{5}{3}$V 的说法是不对的。因为只有在 555 定时器的电压控制端不加控制电压时，才有 $V_{T+} = \frac{2}{3}V_{CC}$，$V_{T-} = \frac{1}{3}V_{CC}$，$\Delta V_T = V_{T+} - V_{T-} = \frac{2}{3}V_{CC} - \frac{1}{3}V_{CC} = \frac{1}{3}V_{CC}$。在电压控制端加上电压之后，$\Delta V_T$ 将会改变。

【例7-3】由 CMOS 门电路构成的单稳态电路如图7-2所示。假设触发信号 v_I 低电平有效，且脉冲宽度为 1μs，试分别画出 v_{I1}、v_{O1}、v_{I2}、v_{O2}、v_O 与输入 v_I 对应的波形，计算 v_O 的脉冲宽度。

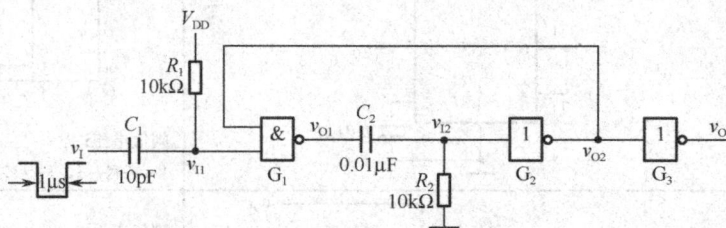

图 7-2 例 7-3 的图 1

解： 假设 CMOS 反相器的阈值电压为 $V_{DD}/2$。当 v_I 为高电平时，单稳态电路处于稳定状态，v_{I1} 为高电平，$v_{I2} \approx 0V$，进而 v_{O2} 为高电平，因此 v_{O1} 为低电平，输出 v_O 为低电平。

当 v_I 为低电平时，单稳态电路处于暂稳态。由于电容两端电压不能突变，此时 v_{I1} 会跟随 v_I 突变为低电平，导致 v_{O1} 由原来的低电平变为高电平，v_{I2} 跟随 v_{O1} 也突变为高电平，因此 v_{O2} 为低电平，输出 v_O 为高电平。

之后是暂稳态自动返回稳态的过程：随着电容 C_2 进入充电状态，v_{I2} 按指数规律逐渐下降。根据电路参数可得

$$v_{I2}(t) = v_{I2}(\infty) - [v_{I2}(\infty) - v_{I2}(0_+)]\mathrm{e}^{-\frac{t}{\tau}} = V_{DD}\mathrm{e}^{-\frac{t}{R_2 C_2}}$$

当 $t=1\mu s$ 时，$v_{I2}\approx 0.99V_{DD} > V_{TH}$，所以在 $1\mu s$ 的输入 v_I 低电平脉冲过后，v_{I2} 仍为高电平，进而 v_{O2} 仍为低电平，v_{O1} 也仍为高电平。因此，之后的 G_1 输出状态的变化取决于 v_{I2}。

当 v_{I2} 继续下降到略低于阈值电压时，v_{O2} 变为高电平，因此 v_{O1} 为低电平，v_O 为低电平。电路处于稳定状态。具体的波形如图 7-3 所示。

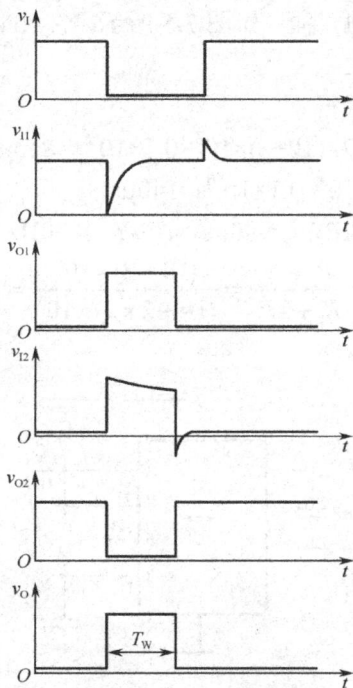

图 7-3　例 7-3 的图 2

输出电压 v_O 脉冲宽度的计算：由于反相器的阈值电压为 $V_{DD}/2$，且 $v_{I2}(t)$ 的表达式为 $v_{I2}(t) = V_{DD}\mathrm{e}^{-\frac{t}{R_2 C_2}}$，因此有

$$V_{DD}/2 = V_{DD}\mathrm{e}^{-\frac{T_W}{R_2 C_2}}$$
$$T_W = R_2 C_2 \ln 2 = 69\mu s$$

7.4　习题解答

7-1　由 555 定时器接成单稳态电路，如图 7-4 所示，$V_{CC}=5V$，$R=10k\Omega$，$C=1\mu F$，试计算输出脉冲宽度 T_W。

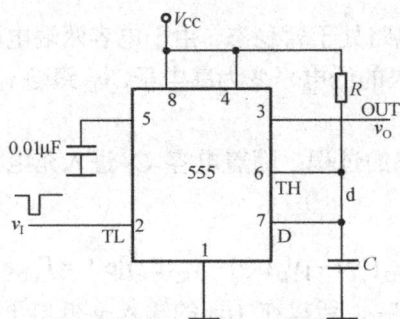

图 7-4　习题 7-1 的图

解：由单稳态电路输出脉冲宽度 T_W 的公式可求出其值大小：
$$T_W=1.1RC=1.1\times10\times10^3\times1\times10^{-6}s=11ms$$

7-2　由 555 定时器接成多谐振荡器，如图 7-5 所示，V_{CC}=5V，R_1=10kΩ，R_2=2kΩ，C=0.1μF，试计算输出矩形波的频率及占空比。

解：由多谐振荡器的计算公式得
$$T_{W1}=0.7(R_1+R_2)C=0.7\times(10+2)\times10^3\times0.1\times10^{-6}s=840\mu s$$
$$T_{W2}=0.7R_2C=0.7\times2\times10^3\times0.1\times10^{-6}s=140\mu s$$
$$T=T_{W2}+T_{W1}=0.7(R_1+2R_2)C=980\mu s，\quad f=1/T=1020Hz$$
$$q=\frac{0.7(R_1+R_2)C}{0.7(R_1+2R_2)C}=\frac{R_1+R_2}{R_1+2R_2}=\frac{(10+2)\times10^3}{(10+2\times2)\times10^3}=0.857$$

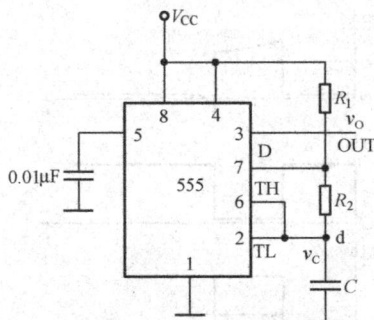

图 7-5　习题 7-2 的图

7-3　已知 555 定时器的 6 脚和 2 脚连接在一起作为输入端 A，4 脚作为输入端 B，3 脚作为输出端 F，如图 7-6（a）所示。v_A、v_B 输入波形如图 7-6（b）所示，试画出输出端 v_F 的波形。

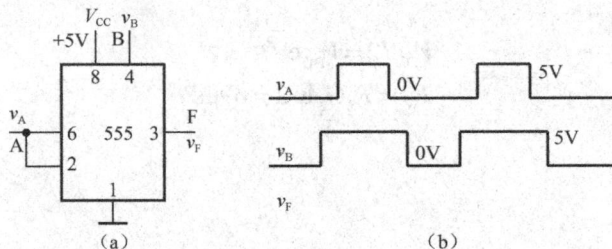

图 7-6　习题 7-3 的图 1

解：图 7-6（a）中 555 定时器的接法为施密特触发电路，$v_B=0V$ 时，$v_O=v_F=0V$；$v_B=5V$ 时，构成施密特触发电路的非门。v_A 为矩形波，所以 $v_F=\overline{v_A}$，波形如图 7-7 所示。

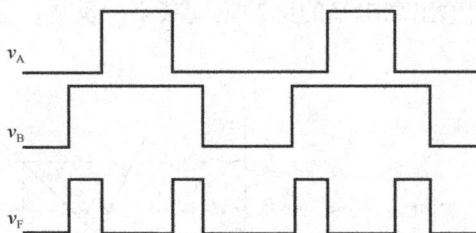

图 7-7　习题 7-3 的图 2

7-4　一过压监视电路如图 7-8 所示。试说明当监视电压 v_x 超过一定值时，发光二极管 VD 将发出闪烁的信号（提示：当三极管 VT 饱和导通时，555 的 1 脚可以认为处于地电位）。

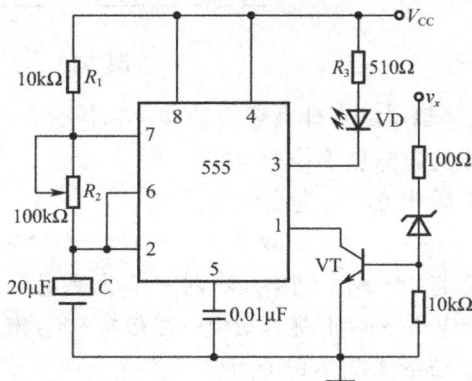

图 7-8　习题 7-4 的图

解：555 定时器、R_1、R_2、C 构成多谐振荡器。但只有 VT 导通时，1 脚才接地，多谐振荡器才振荡，发光二极管才发光，否则 555 定时器不工作，发光二极管不发光。

当 v_x 超过某一值时，稳压管导通，使 VT 导通，从而使 555 定时器的 1 脚接地，多谐振荡器振荡，使发光二极管发光，否则发光二极管不亮。

7-5　用 555 定时器设计一个回差电压 $\Delta V=2V$ 的施密特触发电路。

解：用 555 定时器构成施密特触发电路，6 脚和 2 脚接到一起作为输入端。根据 $V_{T+}=\dfrac{2}{3}V_{CC}$，$V_{T-}=\dfrac{1}{3}V_{CC}$，得

$$\Delta V_T = V_{T+} - V_{T-} = \frac{2}{3}V_{CC} - \frac{1}{3}V_{CC} = \frac{1}{3}V_{CC} = 2V$$

此时，选择 $V_{CC}=6V$ 满足题目要求。

7-6　试分析图 7-9 所示逻辑电路的逻辑功能，并定性地画出工作波形，讨论 R_1、R_2 的大小对该电路的逻辑功能有何影响。

解：要想使两个与非门构成正反馈，与非门必须工作在电压传输特性曲线的转折段。当 v_1 增大到使 G_1 两个输入端都达到 $V_{DD}/2$ 以上时，$\overline{Q}=0$，$Q=1$。v_1 减小到 $V_{DD}/2$ 时，$\overline{Q}=1$，$Q=0$，可见，G_1 两个输入端均达到 $V_{DD}/2$ 时的 v_1 为 V_{T+}，而 $V_{T-}=V_{DD}/2$。$v'_I=V_{DD}/2$ 时，$v_I - v_{R1} - v_D = v'_I$，

$v'_I = \dfrac{v_I - V_D - V_{OH}}{R_1 + R_2} R_1 - V_D = \dfrac{V_{DD}}{2}$，此时的 v_I 即为 V_{T+}。R_1、R_2 的大小会影响输出脉冲宽度。R_1 增大或 R_2 减小会使电路 Q 端输出高电平的脉冲宽度减小；反之，会增大 Q 端输出高电平的脉冲宽度。

波形如图 7-10 所示。

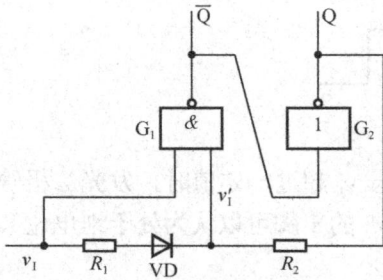

图 7-9　习题 7-6 的图 1

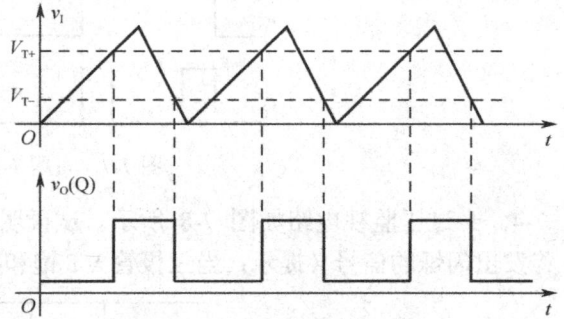

图 7-10　习题 7-6 的图 2

7-7　试分析图 7-11 所示逻辑电路有什么逻辑功能。为什么？

解：该电路为与非门构成的微分型单稳态电路。

稳态时，v_I 为高电平，G_1 输出 0，v_O 为高电平。

暂稳态时，v_I 为低电平 → G_1 输出 1 → v_{I2} 上跳并大于 $V_T(V_{DD}/2)$ → v_I 为低电平。

在暂稳态期间，$v_C \uparrow$（充电）→ $v_{I2} \downarrow$ 到 $v_{I2} < V_T$ 时 → v_O 为高电平。此时 v_I 早已为高电平，则 G_1 又开始导通，即 v_{O1} 为低电平 → v_{I2} 下跳为负值 → C 放电 → v_{I2} 恢复到正常的低电平 → 电路自动回到稳态，v_O 为高电平。波形如图 7-12 所示。

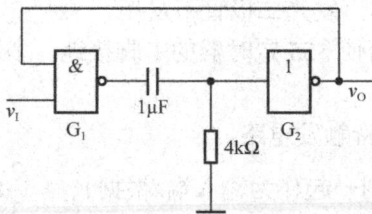

图 7-11　习题 7-7 的图 1

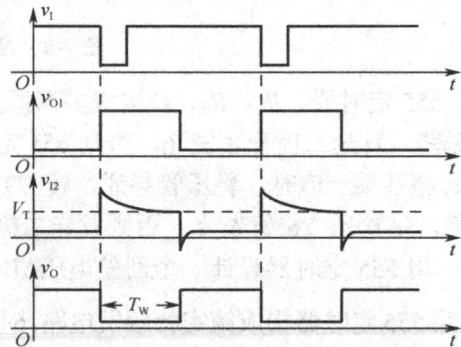

图 7-12　习题 7-7 的图 2

7-8　试分析图 7-13（a）和（b）有什么逻辑功能。并画出其工作波形，图 7-13（b）的 v_I 波形由读者给出。

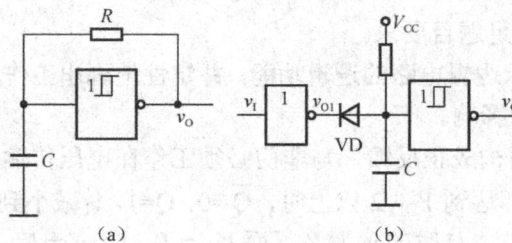

（a）　　　　　　　　　　（b）

图 7-13　习题 7-8 的图 1

解：图 7-13（a）电路的功能为多谐振荡器；图 7-13（b）电路的功能为脉冲延时电路。波形分别如图 7-14（a）、（b）所示。

对于图 7-13（b），当 v_I 为 1（高电平）时，v_{O1} 为 0（低电平），VD 导通，则 v_C 为 0（此时电容不能充电），引起 v_O 为 1；当 v_I 为 0 时，v_{O1} 为 1，VD 截止，电容充电，v_C 升高，到 $v_C \geq V_{T+}$ 时，v_O 为 0。此时，v_I 已经恢复为 1，则 v_{O1} 为 0，电容放电，到 $v_C \leq V_{T-}$ 时，v_O 恢复为 1。波形如图 7-14（b）所示。

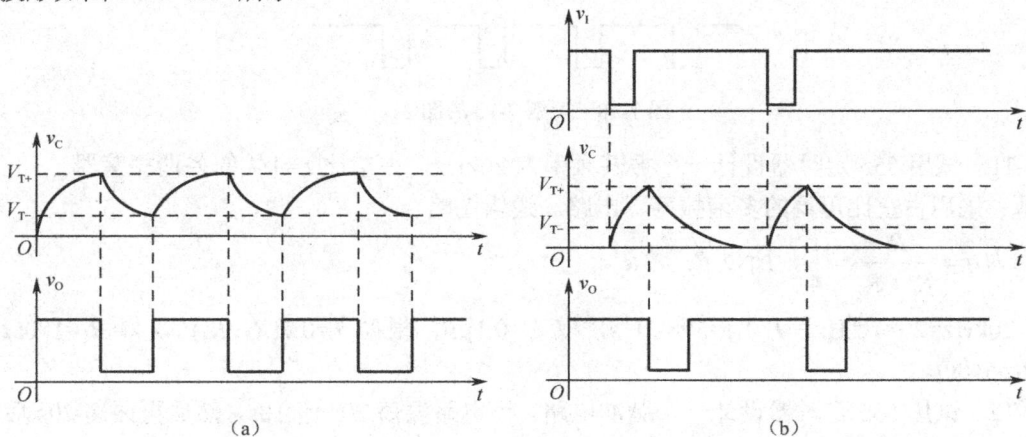

图 7-14 习题 7-8 的图 2

7-9 试分析图 7-15 所示 CMOS 积分型单稳态电路，并画出输出 v_O 对输入 v_I 的波形。

解：当 v_I 为 1（高电平）时，v_O 为 0（低电平），电路处于稳态，此时 v_{O1} 为 0，v_{I2} 为 0。当 v_I 为 0 时，v_{O1} 为 1；但由于 v_I 变为 0 时仍有 v_{I2} 为 0，所以 v_O 为 1，此时 v_O 处于暂稳态。随着对电容的充电，v_{I2} 逐渐升高，当 $v_{I2} \geq V_T$ 时，v_O 为 0，又回到稳态。无论时间常数 τ（$=RC$）是大是小，暂稳态的时间总比输入脉冲宽度要窄。波形如图 7-16 所示。

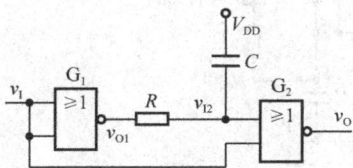

图 7-15 习题 7-9 的图 1

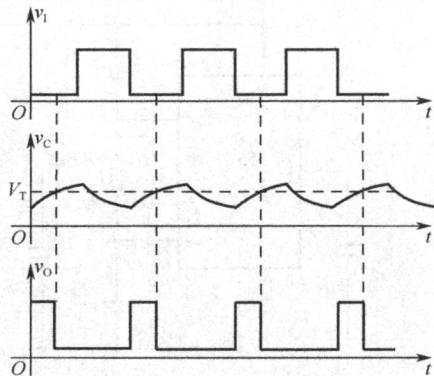

图 7-16 习题 7-9 的图 2

7-10 已知图 7-17 的输入 v_I 的波形，试画出 v_O 的波形，此电路有何功能？

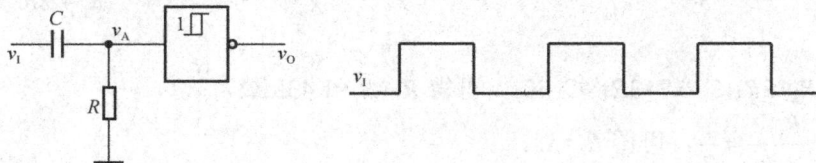

图 7-17 习题 7-10 的图 1

解：此电路功能为脉冲整形（变窄）电路。波形如图 7-18 所示。

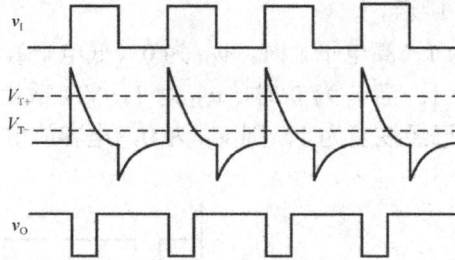

图 7-18　习题 7-10 的图 2

7-11　试用 555 定时器设计一个振荡频率为 20kHz，占空比 $q=1/4$ 的多谐振荡器。

解：采用占空比可调的多谐振荡器电路。逻辑图略。

因为 $q=\dfrac{R_1}{R_1+R_2}=\dfrac{1}{4}$，所以 $R_2=3R_1$。

$f=20\text{kHz}=20\times10^3\text{Hz}$，$T=1/f=50\times10^{-6}\text{s}$，取 $C=0.1\mu\text{F}$，根据 $T=0.7(R_1+R_2)C$，得 $R_1=180\Omega$，$R_2=3R_1=540\Omega$。

7-12　试用 555 定时器设计一个脉冲电路。该电路振荡 20s 停 10s，然后再振荡 20s 后停 10s，并如此循环下去。该电路输出脉冲的振荡周期 T 为 1s，占空比 $q=1/2$。电容 C 的容量一律选取为 $10\mu\text{F}$。

解：要想使该多谐振荡器振荡 20s 之后停振 10s，并如此循环下去，就要利用复位端，在 $\overline{R}$ 端加控制信号，即在 $\overline{R}$ 端加 20s 高电平，接着再加 10s 低电平。因此，选用两个 555 定时器分别构成两个多谐振荡器，第一个振荡器选用固定占空比的电路，第二个振荡器选用占空比可调的电路。电路图如图 7-19 所示。电路参数计算如下。

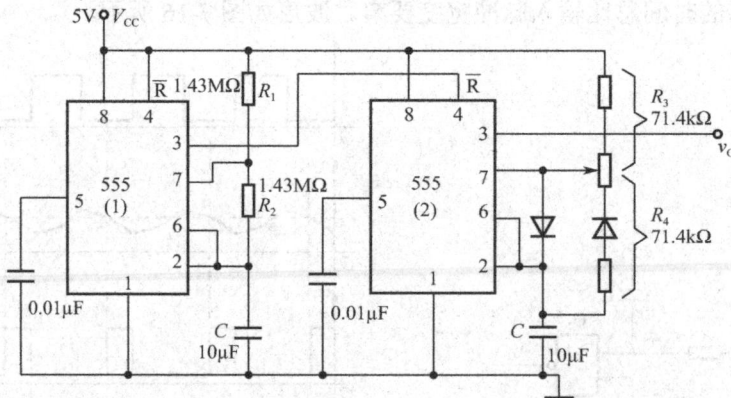

图 7-19　习题 7-12 的图

根据题意，有 $q_1=\dfrac{2}{3}$，$T_1=30\text{s}$，$T_2=1\text{s}$，$q=\dfrac{1}{2}$，$C=10\mu\text{F}$，根据 $q_1=\dfrac{R_1+R_2}{R_1+2R_2}=\dfrac{2}{3}$，可得 $R_1=R_2$。

由 $T_1=0.7(R_1+2R_2)C=0.7\times3R_1\times C=30\text{s}$，可得 $R_1=R_2=1.43\text{M}\Omega$。

根据 $q=\dfrac{R_3}{R_3+R_4}=\dfrac{1}{2}$，可得 $R_3=R_4$。

由 $T_2=0.7(R_3+R_4)C=0.7\times2R_3\times C=1\text{s}$，可得 $R_3=R_4=71.4\text{k}\Omega$。

7-13 某电路 v_I 与 v_O 的关系如图 7-20 所示，试用 555 定时器、逻辑门等器件设计该电路。

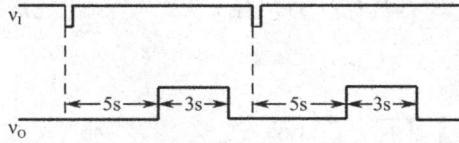

图 7-20　习题 7-13 的图 1

解： 由波形看出，该电路应是一个具有延时输出的单稳态电路。应设计两个单稳态，其中，T_{W1}=5s 的单稳态电路起延时作用，T_{W2}=3s 的单稳态电路起定时作用。

根据 T_W=1.1RC，现选 R_1=R_2=1MΩ，分别代入便可求出：

$$C_1 = \frac{5}{1.1 \times 1 \times 10^6}\text{F} = 4.55\mu\text{F}，\quad C_2 = 2.73\mu\text{F}$$

因为 555 定时器构成的单稳态电路需要用负的窄脉冲触发，即将 v_{O1} 取非，得到负脉冲，但 T_{W1}（=5s）大于 T_{W2}（=3s），也不能接到 555 定时器的低电平触发端。解决办法是在两个单稳态电路之间加一个微分电路，而且微分电路的时间常数 R_3C_3 要远小于 T_{W2}，为此，取 R_3=100kΩ，C_3=1μF，则 $\tau_3 = R_3C_3 = 0.1\text{s}$。波形如图 7-21（a）所示，电路图如图 7-21（b）所示。

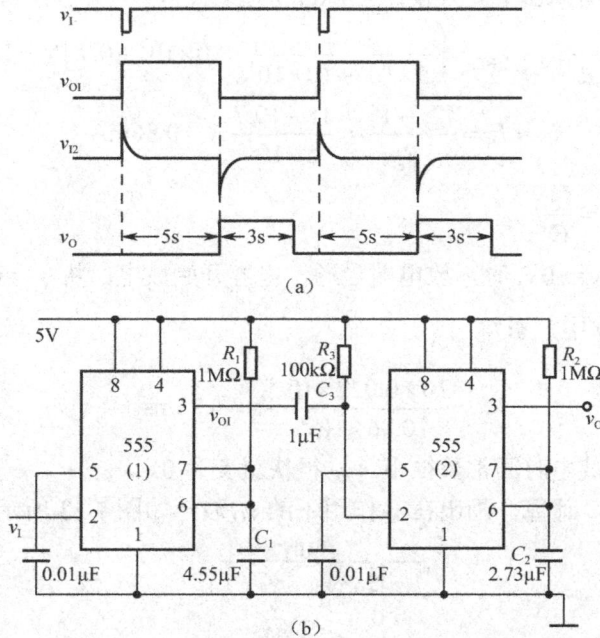

（a）

（b）

图 7-21　习题 7-13 的图 2

7-14 由 555 定时器和三极管等构成的电路如图 7-22（a）所示。已知 R_1=5kΩ，R_2=10kΩ，R_e=5kΩ，C=0.022μF，三极管 VT 的 β=60，V_{BE}=0.7V，外加触发信号如图 7-22（b）所示。

（1）是否可以用 T_W=1.1RC 计算该电路的输出脉冲宽度？为什么？

（2）画出在 v_I 作用下的 v_O 波形（需标明时间）。

解：（1）555 定时器构成的单稳态电路，只有对电容 C 的充电按指数规律变化时，才可以按下式计算：

$$T_{\mathrm{W}} = RC\ln\frac{V_{\mathrm{C}}(\infty) - V_{\mathrm{C}}(0)}{V_{\mathrm{C}}(\infty) - V_{\mathrm{C}}(T_{\mathrm{W}})} = RC\ln\frac{V_{\mathrm{CC}} - 0}{V_{\mathrm{CC}} - \dfrac{2}{3}V_{\mathrm{CC}}}$$

即按 $T_{\mathrm{W}} = RC\ln 3 = 1.1RC$ 计算。

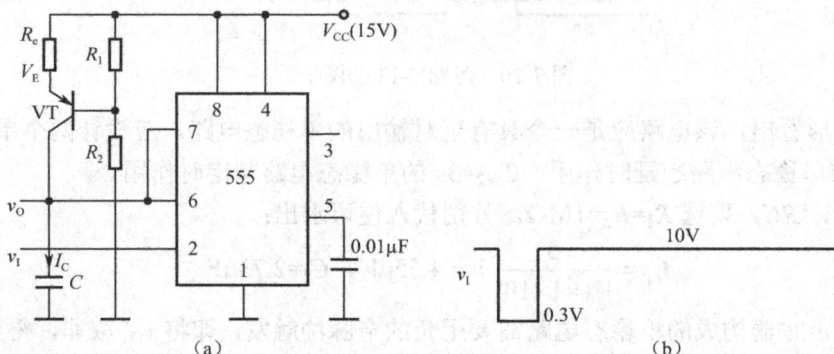

图 7-22 习题 7-14 的图 1

如果对电容 C 恒流充电，则不能按 $T_{\mathrm{W}}=1.1RC$ 计算。假设忽略三极管的 I_{B}，基极电位就是 R_1 和 R_2 的分压值，而且固定不变。当然 V_{E} 也就固定了，这使得 I_{E} 固定不变，对 C 充电的电流 I_{C} 也就不变了，只有求出 I_{C}，才能求出脉冲宽度。

$$V_{\mathrm{E}} = \frac{V_{\mathrm{CC}}}{R_1 + R_2}R_2 + V_{\mathrm{BE}} = \left(\frac{15}{5\times10^3 + 10\times10^3}\times10\times10^3 + 0.7\right)\mathrm{V} = 10.7\mathrm{V}$$

$$I_{\mathrm{C}} \approx I_{\mathrm{E}} = \frac{V_{\mathrm{CC}} - V_{\mathrm{E}}}{R_{\mathrm{e}}} = \frac{15 - 10.7}{5\times10^3}\mathrm{A} = 0.86\mathrm{mA}$$

在恒流条件下：$v_{\mathrm{C}} = \dfrac{I_{\mathrm{C}}}{C}t$。

当 v_{C} 上升到 $2/3V_{\mathrm{CC}}=10\mathrm{V}$ 时，放电端导通，电容开始放电。将 $v_{\mathrm{C}}=10\mathrm{V}$，$C=0.022\mu\mathrm{F}$ 和 $I_{\mathrm{C}}=0.86\mathrm{mA}$ 代入 $v_{\mathrm{C}} = \dfrac{I_{\mathrm{C}}}{C}t$ 中，求得

$$T_{\mathrm{W}} = \frac{10\times0.022\times10^{-6}}{0.86\times10^{-3}}\mathrm{s} = 0.25\mathrm{ms}$$

电容放电时，由于放电时间常数很小，v_{C} 很快就变为 0。

（2）根据上述分析、计算，画出在 v_{I} 作用下的 v_{O} 波形如图 7-23 所示。

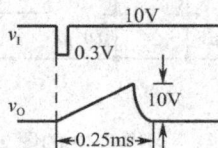

图 7-23 习题 7-14 的图 2

7-15 由 555 定时器构成的多谐振荡器如图 7-24 所示，VD 为理想二极管，试回答：

（1）每个 555 定时器各自构成什么电路？

（2）开关 S 接在右端时，v_{O1} 和 v_{O2} 的周期各是多少？

（3）开关 S 接在左端时，画出 v_{O1} 和 v_{O2} 的波形。

（4）要想得到与第（3）问相似的波形还有哪种接法？

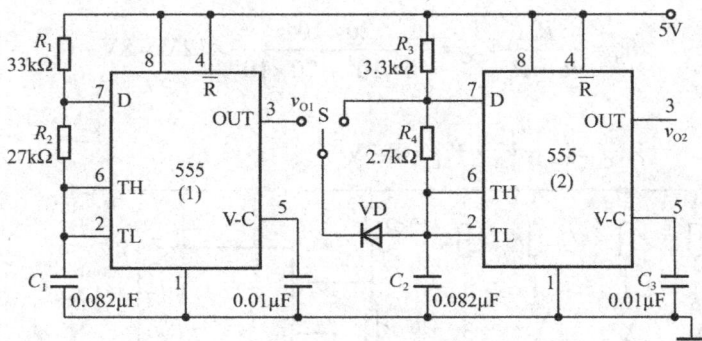

图 7-24　习题 7-15 的图 1

解：（1）每个 555 定时器各自构成一个多谐振荡器。

（2）S 接在右端时，有

$$T_1 = 0.7(R_1 + 2R_2)C_1 = 0.7 \times (33 + 54) \times 10^3 \times 0.082 \times 10^{-6}\text{s} = 5 \times 10^{-6}\text{s} = 5000\mu\text{s}$$

$$T_2 = 1.1(R_3 + R_4)C_2 = 1.1 \times (3.3 + 2.7) \times 10^3 \times 0.082 \times 10^{-6}\text{s} = 0.541 \times 10^{-6}\text{s} = 541\mu\text{s}$$

（3）S 接在左端时，有

$$T_1' = 5000\mu\text{s}$$

$$T_2' = 0.7(R_3 + 2R_4)C_2 = 0.7 \times (3.3 + 5.4) \times 10^3 \times 0.082 \times 10^{-6}\text{s} = 0.5 \times 10^{-6}\text{s} = 500\mu\text{s}$$

且

$$T_{w1} = 0.7(R_1 + R_2)C_1 = 0.7 \times (33 + 27) \times 10^3 \times 0.082 \times 10^{-6}\text{s} = 3.44 \times 10^{-6}\text{s} = 3440\mu\text{s}$$

$$T_{w2} = 0.7R_2C_1 = 0.7 \times 27 \times 10^3 \times 0.082 \times 10^{-6}\text{s} = 1.55 \times 10^{-6}\text{s} = 1550\mu\text{s}$$

$$T_{w3} = 0.7(R_3 + R_4)C_2 = T_2 = 344\mu\text{s}$$

$$T_{w4} = 0.7R_4C_2 = 0.7 \times 2.7 \times 10^3 \times 0.082 \times 10^{-6}\text{s} = 0.155 \times 10^{-6}\text{s} = 155\mu\text{s}$$

波形如图 7-25 所示。

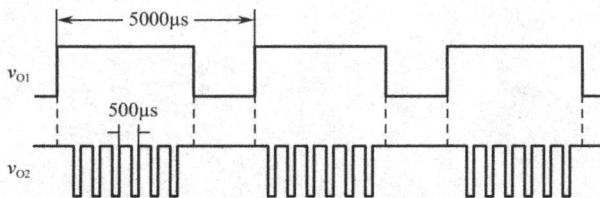

图 7-25　习题 7-15 的图 2

（4）图 7-24 中，去掉开关和二极管 **VD**，将输出电压 v_{O1} 接到右侧的 555 定时器(2)的 $\overline{R}$ 端。

7-16　图 7-26 所示是一个简易电子琴电路，已知 $R_b=20\text{k}\Omega$，$R_1=10\text{k}\Omega$，$R_e=2\text{k}\Omega$，三极管 VT 的电流放大系数 $\beta=150$，$V_{CC}=12\text{V}$，振荡器外接电阻、电容参数如图 7-26 所示。

（1）试说明其工作原理。

（2）试计算按下琴键 S_1 时扬声器发出声音的频率。

解：（1）该电路为多谐振荡器，只是当不同的开关合上时，发出的振荡频率不同。

（2）由图 7-26 可知 $V_{V\text{-}C} = V_E$，TL 端电压 V_{TL} 要与 $\dfrac{1}{2}V_E$ 进行比较，TH 端电压 V_{TH} 要与 V_E 进行比较，设 $V_{BE} = 0.7\text{V}$。

S_1 合上时，有

$$V_B = \frac{R_b}{R_1 + R_b}V_{CC} = \frac{20 \times 10^3}{10 \times 10^3 + 20 \times 10^3} \times 12V = 8V$$

所以

$$V_{V-C} = V_E = V_B + V_{BE} = 8.7V$$

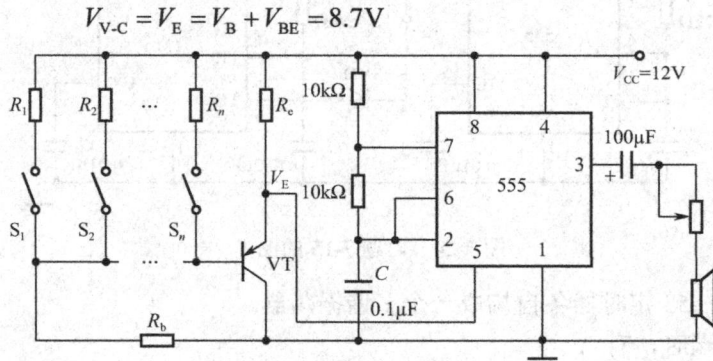

图 7-26　习题 7-16 的图

V_{TH} 的比较电压为 8.7V，V_{TL} 的比较电压为 4.35V。

$$T_{W1} = RC\ln\frac{V_C(\infty) - V_C(0)}{V_C(\infty) - V_C(T_{W1})}$$

$$= (10+10) \times 10^3 \times 0.1 \times 10^{-6} \times \ln\frac{12-4.35}{12-8.7}s = 1.68ms$$

$$T_{W2} = RC\ln\frac{V_C(\infty) - V_C(0)}{V_C(\infty) - V_C(T_{W2})}$$

$$= 10 \times 10^3 \times 0.1 \times 10^{-6} \times \ln\frac{0-8.7}{0-4.35}s = 0.7ms$$

$$T = T_{W1} + T_{W2} = 1.68 \times 10^{-3} + 0.7 \times 10^{-3}s = 2.38ms$$

第8章　数模转换和模数转换

8.1　学习要点

本章重点内容是数模转换器（D/A 转换器，DAC）和模数转换器（A/D 转换器，ADC）的基本原理、性能指标及应用。要求掌握倒 T 型电阻网络 D/A 转换电路，并行比较、逐次比较和双积分 A/D 转换电路等。

1. 数模转换器（DAC）的基本原理

DAC 的输入是数字信号。输入可以采用任何一种编码，常用的是二进制编码。输入可以是正数，也可以是负数，通常是无符号的二进制数。DAC 输出的模拟量与输入的数字量成正比。若比例系数为1，则 4 位 DAC 输入的二进制数可以是 0000～1111，输出模拟量的大小相应为 0～15。

DAC 的输出有电流和电压之分，这里以电流输出为例。4 位二进制数的展开式为

$$A=a_3 \cdot 2^3+a_2 \cdot 2^2+a_1 \cdot 2^1+a_0 \cdot 2^0$$

在比例系数为 1 的前提下，输出电流的表达式为

$$I_{out}=a_3 \cdot 2^3 \cdot I_0+a_2 \cdot 2^2 \cdot I_0+a_1 \cdot 2^1 \cdot I_0+a_0 \cdot 2^0 \cdot I_0$$

为达到此目的，可采用图 8-1 所示的原理图，图中开关 S_i 受数字量中第 i 位数的控制，当 $a_i=1$ 时，S_i 闭合，而当 $a_i=0$ 时，S_i 断开。电流源的值与二进制数的权值相同。这样，当 $A=0001$ 时，$I_{out}=I_0$；当 $A=0011$ 时，$I_{out}=3I_0$，……。

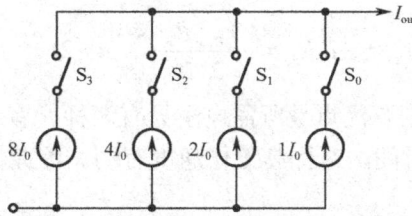

图 8-1　DAC 原理图

DAC 的一般电路组成框图如图 8-2 所示。

图 8-2　框图

图 8-2 中的数字量以串行或并行方式输入数码寄存器中，寄存器的输出对应于数位上的开关，将相应的权值送入求和电路，求和电路将各位权值相加得到与数字量对应的模拟值。DAC 按照解码网络的不同，分为权电阻型、倒 T 型等不同类型。

2. （R-2R）倒 T 型电阻网络 DAC

图 8-3 所示为（R-2R）倒 T 型电阻网络 DAC，由图 8-3 可写出各支路的电流如下：

$$I_R = \frac{V_{REF}}{R}, \quad I_3 = \frac{V_{REF}}{2R}, \quad I_2 = \frac{I_3}{2} = \frac{V_{REF}}{4R}, \quad I_1 = \frac{I_2}{2} = \frac{V_{REF}}{8R}, \quad I_0 = \frac{I_1}{2} = \frac{V_{REF}}{16R}$$

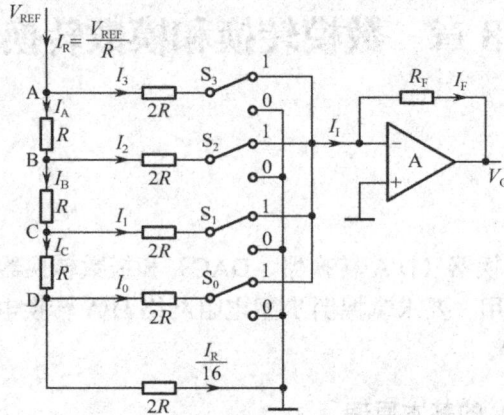

图 8-3 倒 T 型电阻网络 DAC

考虑到数字量的控制作用，流入运算放大器的电流可写为

$$I_F = I_I = \frac{I_R}{2}a_3 + \frac{I_R}{4}a_2 + \frac{I_R}{8}a_1 + \frac{I_R}{16}a_0$$

$$= \frac{V_{REF}}{2^4 R} \cdot (a_3 \cdot 2^3 + a_2 \cdot 2^2 + a_1 \cdot 2^1 + a_0 \cdot 2^0)$$

$$= \frac{V_{REF}}{2^4 R} \cdot \sum_{i=0}^{3} a_i \cdot 2^i$$

对于 n 位 DAC，有

$$I_F = I_I = \frac{V_{REF}}{2^n R} \cdot (a_{n-1} \cdot 2^{n-1} + a_{n-2} \cdot 2^{n-2} + \cdots + a_1 \cdot 2^1 + a_0 \cdot 2^0) = \frac{V_{REF}}{2^n R} \cdot \sum_{i=0}^{n-1} a_i \cdot 2^i$$

$$V_O = -I_F R_F = -\frac{V_{REF} R_F}{2^n R} \cdot \sum_{i=0}^{n-1} a_i \cdot 2^i$$

倒 T 型电阻网络 DAC 的主要优点是所需电阻只有两种，有利于批量生产。由于支路电流不变，所以不需要电流建立时间，对提高工作速度有利。因此倒 T 型电阻网络 DAC 是目前使用最多、速度较快的一种。

3. DAC 的主要技术指标

（1）分辨率

分辨率：DAC 所能分辨的最小输出电压与满刻度输出电压之比。最小输出电压是指输入数字量只有最低有效位为 1 时的输出电压。最大输出电压是指输入数字量各位全为 1 时的输出电压。

$$分辨率 = \frac{1}{2^n - 1}$$

例如，10 位 DAC 的分辨率为

$$\frac{1}{2^n - 1} = \frac{1}{1024 - 1} \approx 0.001$$

DAC 的位数越多，分辨率的值越小，即在相同条件下最小输出电压越小。

（2）转换误差

转换误差常用满刻度（Full Scale Range，FSR）的百分数来表示。例如，AD7520 的线性误差为 0.05%FSR，即转换误差等于满刻度的万分之五。有时，转换误差用最低有效位（Least Significant Bit，LSB）的倍数表示。例如，DAC 的转换误差等于 $\frac{1}{2}$LSB，表示输出电压的绝对误差为最低有效位（LSB）为 1 时输出电压的一半。

DAC 产生误差的主要原因：参考电压 V_{REF} 的波动、运算放大器的零点漂移、电阻网络中电阻值的偏差等。

分辨率和转换误差共同决定了 DAC 的精度。要想让 DAC 的精度高，不仅要选位数多的 DAC，还要选用稳定性高的基准电压源和低漂移的运算放大器。

（3）建立时间

建立时间是指数字信号由全 1 变全 0 或由全 0 变全 1 时，模拟电压或电流达到稳态值所需要的时间。建立时间短说明 DAC 的转换速度快。

DAC 都做成集成电路供使用者选择。按 DAC 输出方式分为电流输出型 DAC 和电压输出型 DAC。DAC 产品的型号繁多，常用的有并行输入的 DAC0832、串行输入的 AD7543 等。

4．模数转换器（ADC）

ADC 把模拟电压或电流转换为与之成正比的数字量。一般 A/D 转换需经采样、保持、量化、编码 4 个步骤。其中采样与保持由采样保持电路完成，量化与编码在转换过程中同时完成。

（1）采样与保持

采样就是按一定时间间隔采集模拟信号。由于 A/D 转换需要时间，所以采样得到的信号样值在 A/D 转换期间不能改变，因此对采样得到的信号样值需要保持一段时间，直到下一次采样。采样频率必须满足采样定理，即只有当采样频率大于模拟信号最高频率分量的 2 倍时（$f_S > 2f_{max}$），所采集的信号样值才能不失真地反映原来模拟信号的变化规律。

（2）量化与编码

采样与保持得到的信号在时间上是离散的，其幅值仍是连续的。而数字信号在时间和幅值上都是离散的。任何一个数字量的大小只能是规定的最小数量的整数倍，倍数不能带小数。因此，对采样与保持得到的信号要用近似的方法进行取值。近似的过程就是量化。

如果把数字量的最低有效位的 1 所代表的模拟量大小叫作量化单位，用 Δ 表示，那么对小于 Δ 的信号有两种处理方法，即两种量化方法：一种是"只舍不入法"，将不够量化单位的值舍掉；另一种是"有舍有入法（四舍五入法）"，将小于 $\Delta/2$ 的值舍去，将小于 Δ 而大于 $\Delta/2$ 的值视为数字量 Δ。只舍不入法的量化误差为 Δ，而有舍有入法的量化误差为 $\Delta/2$。

量化过程只是把模拟信号按量化单位进行了取整处理，只有用代码表示量化后的值才能得到数字量，这一过程称为编码。常用的编码是二进制编码。

ADC 按照工作原理和特点不同，分成直接 ADC 和间接 ADC 两类。典型的 ADC 有并行比较 ADC、反馈比较 ADC 和双积分型 ADC 等。

（3）并行比较 ADC

并行比较 ADC 的电路由电阻分压器、电压比较器和编码器组成，采用只舍不入法进行量化。电阻网络按量化单位 $\Delta = V_{REF}/8$ 把参考电压分成 1～7V 之间的 7 个比较电压，分别接到 7 个电压比较器的同相输入端。经采样与保持后的输入电压接到电压比较器的反相输入端。当电压比较器的 $V_->V_+$ 时，输出为 0，否则输出为 1。经 74HC148 优先编码器编码后便得到二进制编码输出。

并行比较 ADC 的优点是转换速度快，其精度取决于参考电压的划分。量化单位越小，即 ADC 的位数越多，精度越高。但是，因为 n 位并行比较 ADC 所用电压比较器的个数为 2^n-1 个，所以位数每增加一位，电压比较器的个数就要增加一倍。8 位并行比较 ADC 需 $2^8-1=255$ 个电压比较器，255 个 D 触发器，这使 ADC 的电路很复杂，所以很少采用。

（4）反馈比较 ADC

反馈比较 ADC 有计数型 ADC 和逐次逼近型 ADC 两种。

计数型 ADC 由计数器、D/A 转换器及电压比较器等组成。通过将 DAC 的输出电压和输入电压进行比较，获得计数器计数，而计数器所计数字恰好与输入电压相对应，输出就是与输入电压相对应的二进制数。

逐次逼近（又称逐次比较）型 ADC 由电压比较器、逐次逼近寄存器（SAR）、DAC 和输出寄存器组成。逐次逼近型 ADC 与计数型 ADC 工作原理类似，也是由内部产生一个数字量，并送给 DAC，DAC 的输出电压与输入电压进行比较，当两者匹配时，其数字量恰好与待转换的模拟信号相对应。逐次逼近型 ADC 与计数型 ADC 的区别是，逐次逼近型 ADC 采用自高位到低位逐次比较计数的方法。

（5）双积分型 ADC

双积分型 ADC 采用间接的转换方法，模拟电压首先被转换为时间间隔，然后通过计数器转换为数字量。双积分型 ADC 由模拟开关 S_1 和 S_2、积分器、电压比较器、控制门、n 位计数器和触发器 F_n 组成。若计数器所计脉冲个数为 D，时钟周期为 T_C，双积分型 ADC 完成一次转换所需的时间为

$$T = (2^n + D)T_C$$

集成 ADC 产品的型号繁多，性能各异，但转换电路大多采用逐次逼近的原理，如通用型 ADC0801 等。

5．ADC 的主要技术指标

（1）转换时间：完成一次 A/D 转换所需的时间，或者每秒转换的次数。例如，某 ADC 的转换时间 T=1ms，则该 ADC 的转换速度为 $1/T$=1000 次/s。

（2）分解度：也称分辨率，是指输出数字量最低有效位为 1 所需的输入模拟电压，常用输出数字量的位数表示。在最大输入电压相同的情况下，ADC 的位数越多，所能分辨的电压越小，分解度越高。

（3）量化误差：量化产生的误差。例如，采用有舍有入法的理想转换器的量化误差为 $\pm\frac{1}{2}$LSB。

（4）精度：产生一个给定的数字量输出所需模拟电压的理想值与实际值之间总的误差，其中包括量化误差、零点误差及非线性等产生的误差。

（5）模拟输入电压范围：ADC 允许的输入电压范围。超过这个范围，ADC 将不能正常工作。例如，AD571JD 的模拟输入电压范围：单极性 0～10V，双极性-5～+5V。

8.2 教学要求

1. 了解 DAC 和 ADC 的功能及主要参数。
2. 掌握常见 DAC 的电路组成、工作原理和典型应用。
3. 理解常见 ADC 的电路组成、工作原理和典型应用。

8.3 解题指导

【例 8-1】一个 8 位 DAC，已知 V_{REF}=5V，R_F=R，求该 DAC 的最小输出电压（最低有效位为 1，其余各位为 0 时的输出电压）V_{Omin} 和最大输出电压（各位全为 1 时的输出电压）V_{Omax}。

解：最小输出电压

$$V_{Omin} = -\frac{V_{REF}R_F}{2^n R} \cdot \sum_{i=0}^{n-1} a_i \cdot 2^i = -\frac{5}{2^8} \times \frac{R}{R} \times 1V = -0.0195V$$

最大输出电压

$$V_{Omax} = V_{Omin} \cdot 255 = -4.98V$$

【例 8-2】已知 10 位 R-$2R$ 倒 T 型电阻网络 DAC 的 R_F=R，V_{REF}=10V，试求出数字量分别为 0000000001 和 1111111111 时的输出电压 V_O。

解：输入数字量为 0000000001 时的输出电压：

$$V_O = \frac{V_{REF}R_F}{2^{10} R} = -0.0098V$$

输入数字量为 1111111111 时的输出电压：

$$V_O = \frac{V_{REF}R_F}{2^{10} R} \times 1023 = -9.99V$$

【例 8-3】具有双极性的 D/A 转换器如图 8-4（a）所示，模拟开关 S_i（i=0,1,2,3）由输入 D_i 控制。当 D_i=1 时，S_i 接 V_{REF}；当 D_i=0 时，S_i 接地。图中，V_{OFF} 和 R_{OFF} 组成偏移电路。已知 V_{REF}=-8V，$R_F = R$，R_{OFF}=0.75R。

（1）若 V_{OFF}=6V，求 V_O 的输出范围。

（2）若 V_{OFF}=0V，求 V_O 的输出范围。

（3）现将集成计数器 74HC161 按图 8-4（b）接线后，将计数器输出 Q_D、Q_C、Q_B、Q_A 对应连接图 8-4（a）中的 D_3、D_2、D_1、D_0。设 V_{OFF}=0V，又设计数器在 CP 作用下连续工作，试求 V_O 的变化范围，并画出图 8-4（a）中 V_O 的大致波形。

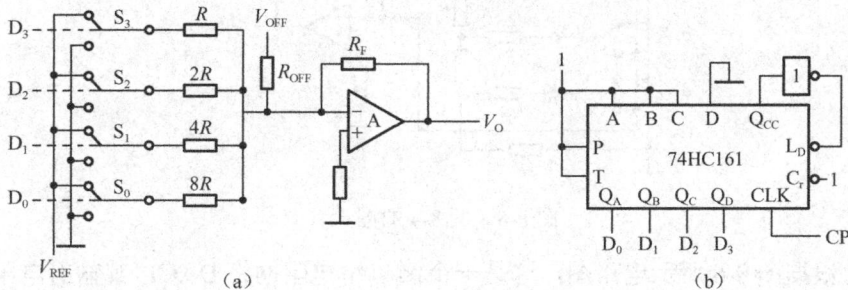

图 8-4　例 8-3 的图 1

解：（1）根据图 8-4（a）所示电路，可以写出：

$$V_O = -R_F\left(\frac{V_{OFF}}{R_{OFF}} + \sum_{i=0}^{3} D_i \cdot \frac{V_{REF}}{2^{3-i}R}\right) = -R_F\left(\frac{V_{OFF}}{R_{OFF}} + \frac{V_{REF}}{2^3 R} \cdot D\right)$$

因此，若 $V_{OFF} = 6V$，当 $D_3D_2D_1D_0 = 0000$ 时，$V_O = -8V$；当 $D_3D_2D_1D_0 = 1111$ 时，$V_O = 7V$。V_O 的输出范围为 $-8\sim7V$。

（2）若 $V_{OFF} = 0V$，$V_O = -R_F \cdot \frac{V_{REF}}{2^3 R} \cdot D$，当 $D_3D_2D_1D_0 = 0000$ 时，$V_O = 0V$；当 $D_3D_2D_1D_0 = 1111$ 时，$V_O = 15V$。V_O 的输出范围为 $0\sim15V$。

（3）在图 8-4（b）中，74HC161 的 $\overline{L}_D = \overline{Q}_{CC}$，DCBA=0111，因此其计数循环为 0111→1000→1001→1010→1011→1100→1101→1110→1111→0111，是九进制计数器。因此在 CP 作用下，D/A 转换器的输入依次为 0111→1000→1001→1010→1011→1100→1101→1110→1111→0111 循环，当 $V_{OFF} = 0V$ 时，对应的 V_O 变化范围为 $7\sim15V$。V_O 的大致波形如图 8-5 所示。

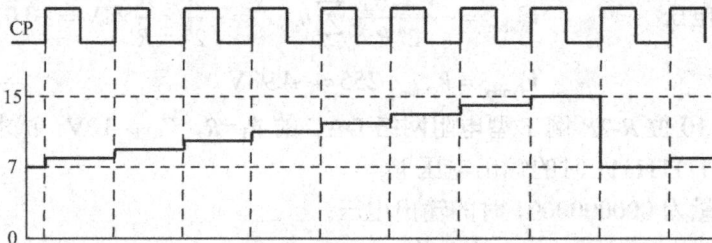

图 8-5　例 8-3 的图 2

【例 8-4】电路如图 8-6 所示，已知 $R = 10\text{k}\Omega$，$R_F = 20\text{k}\Omega$，$V_{REF} = 5V$，输入 5 位二进制数 $d_4d_3d_2d_1d_0 = 10101$，理想运算放大器 $V_{OM} = \pm12V$。模拟开关 S_i（$i=0,1,2,3,4$）由输入 d_i 控制。当 $d_i=1$ 时，S_i 接运算放大器的反相输入端；当 $d_i=0$ 时，S_i 接地。（1）试求此时 D/A 转换器的输出电压。（2）使用集成计数器 74HC161 构成十二进制计数器，并将其输出 Q_D、Q_C、Q_B、Q_A 与图 8-6 中 d_3、d_2、d_1、d_0（此时令 $d_4=0$）的对应下标编号端相连，试画出在 CP 作用下，电路正常工作时的输出电压波形，并指出输出电压最小跳变量的大小。

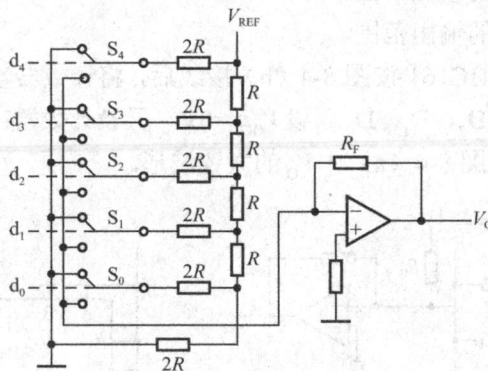

图 8-6　例 8-4 的图 1

解：（1）根据图 8-6 所示电路图，这是一个倒 T 型电阻网络 DAC，其输出电压：

$$V_O = -I_\Sigma \cdot R_F = -R_F\left(d_4 \cdot \frac{I}{2} + \cdots + d_0 \cdot \frac{I}{2^5}\right) = -R_F \cdot \frac{V_{REF}}{2^5 R} \cdot (d_4 \cdot 2^4 + \cdots + d_0 \cdot 2^0) = -R_F \cdot \frac{V_{REF}}{2^5 R} \cdot D$$

式中，$I = \dfrac{V_{\text{REF}}}{R}$，$D$ 为输入的数字量。因此，在给定参数下，$d_4d_3d_2d_1d_0 = 10101$，即 21，输

出电压 $V_O = -R_F \cdot \dfrac{V_{\text{REF}}}{2^5 R} \cdot D = -\dfrac{20 \times 10^3 \times 5}{32 \times 10 \times 10^3} \times 21\text{V} = -6.5625\text{V}$。

（2）若将十二进制计数器的输出 Q_D、Q_C、Q_B、Q_A 分别与 d_3、d_2、d_1、d_0 相连，使 DAC 的输入数字量依次从 00000 至 01101 循环变化，输出电压依次从 0 开始阶梯递减到输入数字量 01101 对应的输出电压，即 -3.4375V。减小的阶梯电压值为输入数字量变化 1 时对应的输出电压变化，即 $-\dfrac{20 \times 10^3 \times 5}{32 \times 10 \times 10^3} \times 1\text{V} = -0.3125\text{V}$。在 CP 作用下，电路正常工作状态时的输出电压波形如图 8-7 所示。

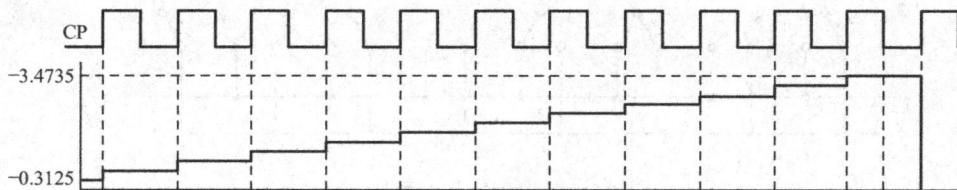

图 8-7　例 8-4 的图 2

8.4　习题解答

8-1　在图 8-8 电路中，若 $R_F = R/2$，$V_{\text{REF}} = 5\text{V}$，当输入数字量为 1010 时，求输出电压 V_O。

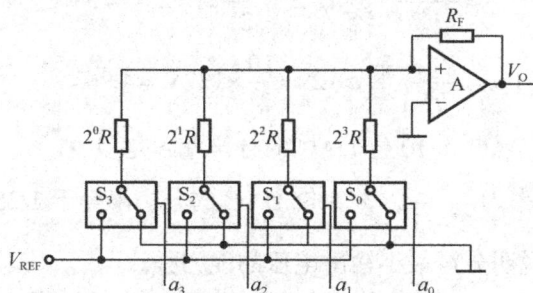

图 8-8　习题 8-1 的图

解：图 8-8 的输出电压公式为

$$V_O = -\frac{V_{\text{REF}} R_F}{2^{n-1} R} \cdot \sum_{i=0}^{n-1} a_i \cdot 2^i$$

将 $R_F = R/2$，$V_{\text{REF}} = 5\text{V}$，输入数字量 1010 代入上式求得

$$V_O = -\frac{V_{\text{REF}} R_F}{2^{n-1} R} \cdot \sum_{i=0}^{n-1} a_i \cdot 2^i = -\frac{5 \times \frac{1}{2}}{2^3} \times (1 \times 2^3 + 0 \times 2^2 + 1 \times 2^1 + 0 \times 2^0)\text{V} = -3.125\text{V}$$

8-2　在图 8-3 所示倒 T 型电阻网络 DAC 中，若 $V_{\text{REF}} = 5\text{V}$，$R_F = R$，输入的数字量为 1011，求输出电压 V_O。

解：图 8-3 的输出电压公式为

$$V_O = -\frac{V_{REF} R_F}{2^n R} \cdot \sum_{i=0}^{n-1} a_i \cdot 2^i$$

将 $R_F = R$，$V_{REF} = 5V$，输入数字量 1011 代入上式求得

$$V_O = -\frac{V_{REF} R_F}{2^n R} \cdot \sum_{i=0}^{n-1} a_i \cdot 2^i = -\frac{5}{2^4} \times (1 \times 2^3 + 0 \times 2^2 + 1 \times 2^1 + 1 \times 2^0)V = -3.4375V$$

8-3 在图 8-9 电路中，已知 $V_{REF} = 10V$，开关导通压降为 0V，试分别求出输入数字量为 10000000 和 01111111 时的输出电压。

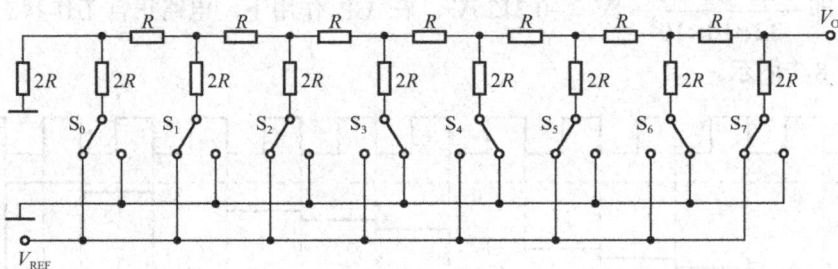

图 8-9 习题 8-3 的图

解： 图 8-9 的输出电压公式为

$$V_O = \frac{V_{REF}}{2^n} \cdot \sum_{i=0}^{n-1} a_i \cdot 2^i$$

将输入数字量 10000000 和 01111111 分别代入上式求得

$$V_{O1} = -\frac{V_{REF}}{2^n} \cdot \sum_{i=0}^{n-1} a_i \cdot 2^i = \frac{10}{2^8} \times 1 \times 2^7 V = 5V$$

$$V_{O2} = \frac{V_{REF}}{2^n} \cdot \sum_{i=0}^{n-1} a_i \cdot 2^i = \frac{10}{2^8} \times 127V = 4.96V$$

8-4 试分别求出 8 位 DAC 和 10 位 DAC 的分辨率各是多少。

解： n 位 DAC 的分辨率为 $\frac{1}{2^n - 1}$，故 8 位 DAC 的分辨率等于 1/255，10 位 DAC 的分辨率等于 1/1023。分辨率小说明分辨最小输出电压的能力强。

8-5 用一个运算放大器、一个 10V 的参考电压源、若干开关和电阻设计一个 4 位二进制倒 T 型电阻网络 DAC 电路。由参考电压源流入电阻网络的参考电流 $I_R = 4mA$，最小输出电压 $V_{Omin} = 0.5V$，计算各有关电阻的值并画出电路图。

解： 倒 T 型电阻网络电路由参考电压源流入电阻网络的参考电流 $I_R = \frac{V_{REF}}{R}$，其最小输出电压为

$$V_{Omin} = \frac{V_{REF} R_F}{2^n R}$$

由已知 $I_R = 4mA$，$V_{Omin} = 0.5V$，可求出：

$$R = \frac{V_{REF}}{I_R} = \frac{10}{4 \times 10^{-3}} \Omega = 2.5k\Omega$$

$$R_F = \frac{2^4 V_{Omin} R}{V_{REF}} = \frac{16 \times 0.5 \times 2.5 \times 10^3}{10} \Omega = 2k\Omega$$

由此可画出电路图如图 8-10 所示。

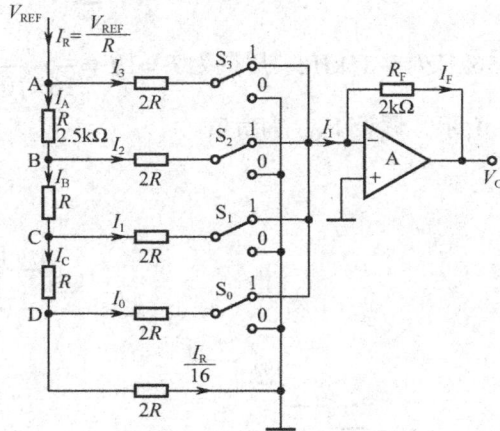

图 8-10　习题 8-5 的图

8-6　用一个运算放大器、一个 10V 参考电压源及必要的开关和电阻组成倒 T 型电阻网络 DAC，输入与输出的关系为 $V_O=-10(a_1 \cdot 2^{-1}+a_2 \cdot 2^{-2}+\cdots+a_6 \cdot 2^{-6})$。

解：倒 T 型电阻网络的输出电压为

$$V_O = \frac{V_{REF} R_F}{2^n R} \cdot \sum_{i=0}^{n-1} a_i \cdot 2^i$$

现要组成的倒 T 型电阻网络中输入与输出的关系为 $V_O=-10(a_1 \cdot 2^{-1}+a_2 \cdot 2^{-2}+\cdots+a_6 \cdot 2^{-6})$，且 $V_{REF}=10V$。比较两式可知：$R_F=R$，$n=6$，$i=1,2,3,4,5,6$。电路图如图 8-11 所示。

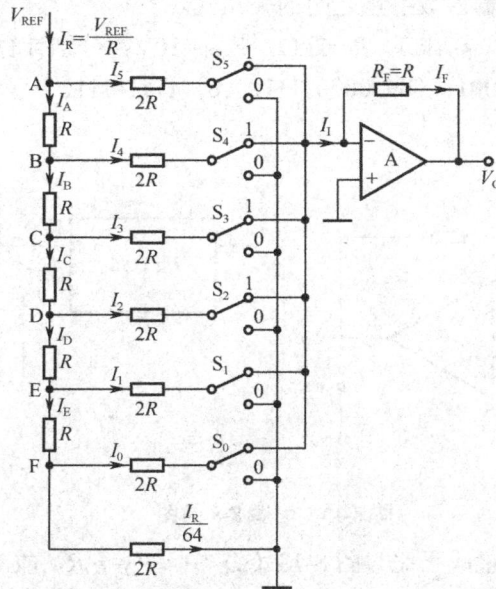

图 8-11　习题 8-6 的图

8-7　将 4 位同步二进制加法计数器的输出作为 4 位二进制 DAC 的输入，若时钟频率为 256kHz，试画出 DAC 的输出电压波形，并求出输出波形的频率。

解：因为 4 位同步二进制加法计数器的输出为 4 位二进制 DAC 的输入，所以计数状态为

0000～1111，根据倒 T 型电阻网络输出电压公式，$V_O = -\dfrac{V_{REF}}{2^n} \cdot \sum\limits_{i=0}^{n-1} a_i \cdot 2^i$ 定性计算出输出电压，并

计算出输出波形的频率为 f=256kHz/16=16kHz，周期为 $T = 1/f = \dfrac{1}{16 \times 10^{-3}} \text{s} = 62.5\mu\text{s}$。

由此画出波形如图 8-12 所示，假设 V_{REF} 为负值。

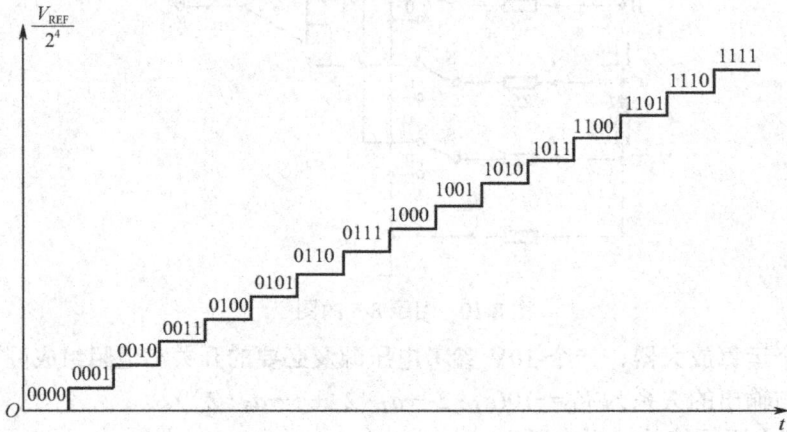

图 8-12　习题 8-7 的图

8-8　图 8-13（a）和（b）分别表示由倒 T 型电阻网络 DAC（参考图 8-3）及运算放大器组成的数字可编程电压源和数字可编程电流源电路。

（1）试说明电路工作原理。

（2）写出输出模拟量与输入数字量之间的关系式。

（3）若 $R=R_L$=2.5kΩ，R_1=0.1kΩ，R_2=2kΩ，V_{REF}=10V，分别计算出当输入数字量为下列值时 V_O 和 I_L 值：（a）00000001；（b）00001111；（c）11111111。

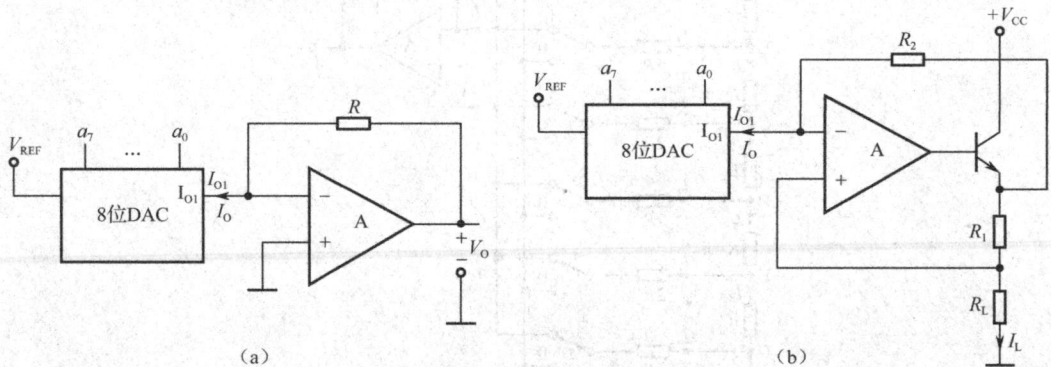

（a）　　　　　　　　　　　　　　　（b）

图 8-13　习题 8-8 的图

解：（1）I_O 与输入数字量成正比。图 8-13（a）中，$V_O=I_O R$，故 V_O 与 I_O 成正比，输入不同的数字量就可以得到与数字量成正比的输出电压 V_O；图 8-13(b)中，$I_O R_2 = I_L R_1$，$I_L = \dfrac{R_2}{R_1} I_O$，即负载上得到的电流与 I_O 成正比，只要输入不同的数字量，就可以得到与其成正比的 I_L。

（2）关系式为

$$I_O = I_{O1} = -\frac{V_{REF}}{2^8 R} \cdot \sum_{i=0}^{7} a_i \cdot 2^i$$

图 8-13（a）中，有

$$V_{\mathrm{O}} = I_{\mathrm{O}}R = -\frac{V_{\mathrm{REF}}}{2^8} \cdot \sum_{i=0}^{7} a_i \cdot 2^i$$

图 8-13（b）中，有

$$I_{\mathrm{L}} = \frac{R_2}{R_1} I_{\mathrm{O}} = -\frac{R_2}{R_1} \cdot \frac{V_{\mathrm{REF}}}{2^8 R_{\mathrm{L}}} \cdot \sum_{i=0}^{7} a_i \cdot 2^i$$

（3）计算结果如下。

（a）数字量为 00000001 时：

$$V_{\mathrm{O}} = -\frac{10}{2^8} \times 1\mathrm{V} = -0.039\mathrm{V}$$

$$I_{\mathrm{L}} = -\frac{2 \times 10^3}{0.1 \times 10^3} \times \frac{10}{2^8 \times 2.5 \times 10^3} \times 1\mathrm{A} = -0.31\mathrm{mA}$$

（b）数字量为 00001111 时：

$$V_{\mathrm{O}} = -\frac{10}{2^8} \times 15\mathrm{V} = -0.586\mathrm{V}$$

$$I_{\mathrm{L}} = -\frac{2 \times 10^3}{0.1 \times 10^3} \times \frac{10}{2^8 \times 2.5 \times 10^3} \times 15\mathrm{A} = -4.69\mathrm{mA}$$

（c）数字量为 11111111 时：

$$V_{\mathrm{O}} = -\frac{10}{2^8} \times 255\mathrm{V} = -9.961\mathrm{V}$$

$$I_{\mathrm{L}} = -\frac{2 \times 10^3}{0.1 \times 10^3} \times \frac{10}{2^8 \times 2.5 \times 10^3} \times 255\mathrm{A} = -79.69\mathrm{mA}$$

8-9　图 8-14 中电路为数字可编程多谐振荡器电路，DAC 为 R-$2R$ 倒 T 型电阻网络，$R=3\mathrm{k}\Omega$，$V_{\mathrm{REF}}=+5\mathrm{V}$。

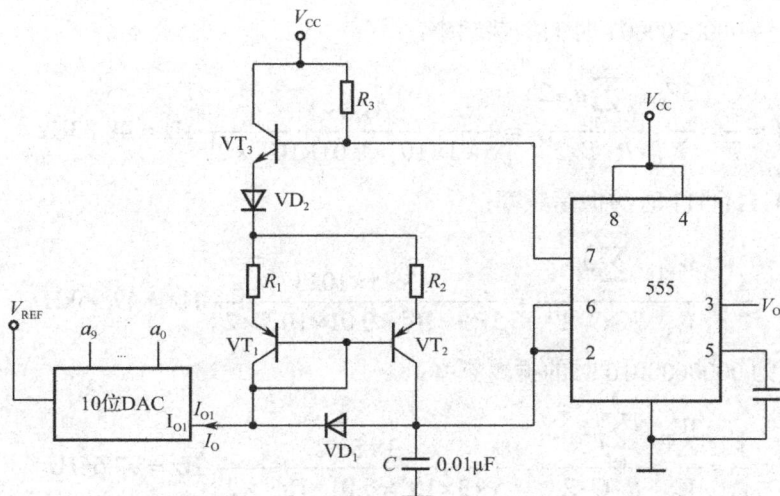

图 8-14　习题 8-9 的图 1

（1）试说明电路工作原理。

（2）写出振荡频率与输入数字量之间的关系式。

（3）分别求出输入数字量为 0000000001 和 1111111111 时的振荡频率。

（4）当输入数字量为 0000000010 时，分别画出电容 C 两端电压和输出电压的波形。

解：（1）由 555 定时器电路结构和工作原理可知，当 2、6 端电位 $V_{2,6}<V_{CC}/3$ 时，7 端相当于断开；而 2、6 端电位 $V_{2,6}>2V_{CC}/3$ 时，7 端相当于接地。当 2、6 端电位 $V_{2,6}<V_{CC}/3$ 时，7 端断开，VT_3 和 VT_1 导通，VD_1 截止，VT_1 为 DAC 提供电流 I_0。由于 VT_2 与 VT_1 镜像对称，所以 VT_2 集电极电流也为 I_0，给电容 C 充电。当 2、6 端电位 $V_{2,6}>2V_{CC}/3$ 时，7 端接地，VT_3、VT_1 和 VT_2 截止，电容 C 通过 VD_1、DAC 放电，放电电流为 I_0。然后，电容 C 又由 $2V_{CC}/3$ 充电，充电到 $2V_{CC}/3$ 时再放电，如此循环往复，电容两端电压呈三角波，而 555 定时器的输出 v_0 为方波。

（2）电容充电时间与放电时间均为 Δt：

$$\Delta t = \frac{\frac{1}{3}V_{CC} \cdot C}{I_0}$$

电容充放电周期为

$$T = 2\Delta t = 2 \times \frac{\frac{1}{3}V_{CC} \cdot C}{I_0}$$

式中，

$$I_0 = -\frac{V_{REF}}{2^{10}R} \cdot \sum_{i=0}^{9} a_i \cdot 2^i$$

振荡器的频率为

$$f = \frac{1}{T} = \frac{3V_{REF} \cdot \sum_{i=0}^{9} a_i \cdot 2^i}{V_{CC} \cdot R \cdot C \cdot 2^{11}}$$

（3）数字量为 0000000001 时的振荡频率：

$$f = \frac{1}{T} = \frac{3V_{REF} \cdot \sum_{i=0}^{9} a_i \cdot 2^i}{V_{CC} \cdot R \cdot C \cdot 2^{11}} = \frac{3 \times 5 \times 1}{5 \times 3 \times 10^3 \times 0.01 \times 10^{-6} \times 2^{11}} \text{Hz} = 48.83 \text{Hz}$$

数字量为 1111111111 时的振荡频率：

$$f = \frac{1}{T} = \frac{3V_{REF} \cdot \sum_{i=0}^{9} a_i \cdot 2^i}{V_{CC} \cdot R \cdot C \cdot 2^{11}} = \frac{3 \times 5 \times 1023}{5 \times 3 \times 10^3 \times 0.01 \times 10^{-6} \times 2^{11}} \text{Hz} = 49.95 \text{kHz}$$

（4）数字量为 0000000010 时的振荡频率：

$$f = \frac{1}{T} = \frac{3V_{REF} \cdot \sum_{i=0}^{9} a_i \cdot 2^i}{V_{CC} \cdot R \cdot C \cdot 2^{11}} = \frac{3 \times 5 \times 2}{5 \times 3 \times 10^3 \times 0.01 \times 10^{-6} \times 2^{11}} \text{Hz} = 97.66 \text{Hz}$$

$$T = \frac{1}{f} = \frac{1}{97.66} \text{ms} = 10.24 \text{ms}, \quad \Delta t_1 = \Delta t_2 = 5.12 \text{ms}$$

v_C 和 v_O 的波形如图 8-15 所示。

8-10　模拟信号最高频率分量 f=20kHz，对该信号采样时，最低采样频率应是多少？

解：根据采样定理 $f_S>2f_{max}$，可以确定最低采样频率应为 $2 \times 20 \text{kHz}=40 \text{kHz}$。

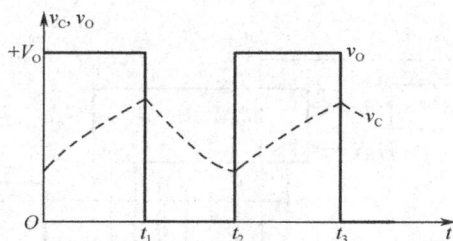

图 8-15　习题 8-9 的图 2

8-11　为什么 A/D 转换一定要量化？选哪种量化方法误差比较小？

解：在数字量表示中，只能以最低有效位数来区分，是不连续的。所以要对已经经过采样-保持处理的模拟信号用近似的方法进行取值，即量化。量化有两种方法：只舍不入法，将不够量化单位的值舍掉；有舍有入法（四舍五入法），将小于 $\Delta/2$ 的值舍去，将小于 Δ 而大于 $\Delta/2$ 的值视为数字量 Δ。四舍五入法的量化误差比较小（$\Delta/2$）。

8-12　说明并行比较 ADC、计数型 ADC、逐次逼近型 ADC 和双积分型 ADC 各有什么优、缺点。

解：并行比较 ADC 由电阻分压器、电压比较器和编码器三部分组成。经电阻分压器分压得到的不同电压分别接到各电压比较器的某一输入端（同相端或反相端），被转换信号接到各电压比较器的另一个输入端，电压比较器输出的信号经编码器编码后就得到了用代码表示的数字信号。并行比较 ADC 的优点是转换速度快；缺点是当 ADC 的位数较多时所用的电压比较器也较多，使电路变得复杂。

反馈比较 ADC 分为计数型 ADC 和逐次逼近型 ADC 两种。与逐次逼近型 ADC 相比，计数型 ADC 速度慢，而且被转换电压值越大，所需转换时间越长。逐次逼近型 ADC 的工作原理与称量重物类似。逐次逼近型 ADC 的工作速度较快，n 位逐次逼近型 ADC 完成一次转换的时间为 $t=(n+2)T_C$，其中 T_C 为时钟周期。

双积分型 ADC 采用间接的转换方法。模拟电压首先被转换成时间间隔，然后通过计数器转换成数字量。双积分型 ADC 主要由积分器、电压比较器、计数器和控制门组成。整个转换过程需要进行两次积分。第一次积分为采样阶段，积分器接被转换电压并进行积分，积分时间 t_1 是固定的，$t_1=2^n T_C$。第二次积分时，积分器接固定值的参考电压。由于参考电压与被转换电压的极性相反，所以第二次积分与第一次积分的方向相反。当 $t=t_2$ 时，积分器输出为 0，计数器停止计数，转换过程结束。由于第二次积分的曲线斜率是固定的，所以 t_2-t_1（第二次积分时间）与 t_1 时刻积分器的输出电压成正比。第二次积分时间 t_2-t_1 转换成脉冲个数即为要转换成的数字量。

双积分型 ADC 有较强的抗干扰能力，工作性能稳定，电阻、电容参数只要在转换过程中不发生变化，对转换精度就没有影响。双积分型 ADC 的缺点是工作速度慢，完成一次转换需要 $(2^n+D)T_C$ 时间，其中，n 为计数器位数，D 为第二次积分时计数器所计脉冲个数，T_C 为时钟周期。

8-13　在图 8-16 所示逐次逼近型 ADC 电路中，若时钟频率为 1MHz，输入的模拟电压为 2.86V，试画出 ADC 输出 v_O 的波形。

解：由 $f=1$MHz　$v_I=2.86$V，得

$$T = \frac{1}{f} = \frac{1}{1\times 10^6}\text{s} = 1\mu\text{s}$$

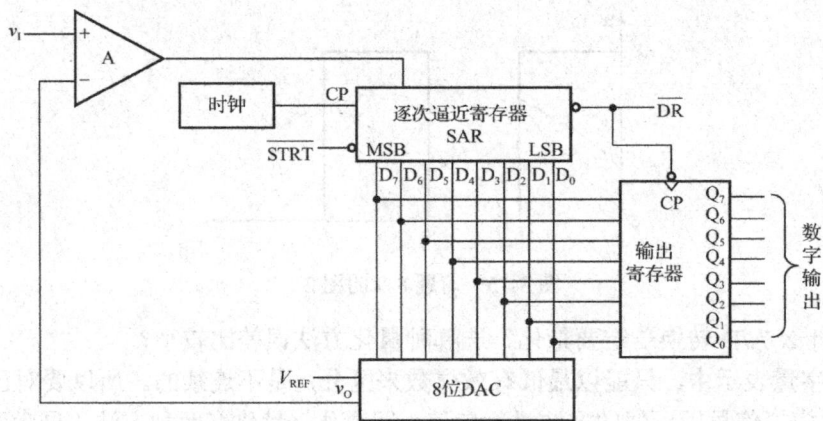

图 8-16　习题 8-13 的图 1

DAC 各位对应的输出电压见表 8-1，波形如图 8-17 所示。

表 8-1　习题 8-13 的表

DAC 各位	DAC 输出电压/V
D_7	5.0000
D_6	2.5000
D_5	1.2500
D_4	0.6250
D_3	0.3125
D_2	0.15625
D_1	0.078125
D_0	0.039062

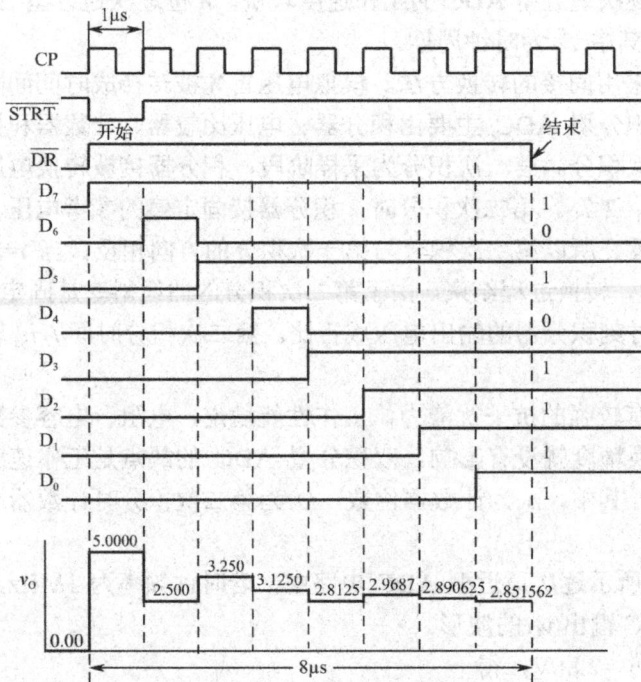

图 8-17　习题 8-13 的图 2

可得

$$D_7D_6D_5D_4D_3D_2D_1D_0 = 01001001$$

8-14 双积分型 ADC 的参考电压 $V_{REF}=10V$，试问：

（1）被转换电压的极性是正还是负？

（2）被转换电压的最大值（绝对值）是否可以大于 10V？为什么？

（3）为什么双积分型 ADC 抗工作频率干扰能力强？

（4）对于一个包含 10 位二进制计数器的双积分型 ADC，若希望尽可能避免由工作频率（50Hz）干扰造成的转换误差，时钟频率最高可选多少？为什么？

解：（1）v_I 极性应与 V_{REF} 极性相反，$V_{REF}=10V$，所以 v_I 的极性应为负。

（2）被转换电压 v_I 的大小是有限制的，$|v_I|<|V_{REF}|$，所以 v_I 的绝对值不能超过 10V。

（3）因为双积分型 ADC 使用了积分器，转换期间转换的是 v_I 的平均值，所以对交流信号，尤其是工作频率信号，有很强的抑制能力。

（4）转换周期 $2^n T_C = NT$ 时，可以抑制工作频率的干扰，现 $n=10$，$T=1/50s$，则 $2^n T_C = 2^n/f = NT$，因此

$$f = \frac{1}{T_C} = \frac{2^n}{NT} = \frac{51.2\text{kHz}}{N}$$

当 $N=1$ 时，$f=51.2$kHz 为可选的最高时钟频率。

第 9 章　数字系统分析与设计

9.1　学习要点

本章主要描述数字系统的概念、定义和设计过程。通过本章学习，了解数字系统设计的过程、简易计算机的功能分析和电路设计原理，理解用硬件描述语言（寄存器传送语言）实现数字系统的过程和步骤。

1. 数字系统的概念

数字系统是指由若干数字电路和逻辑部件构成的能够处理或传送数字信息的设备。数字系统主要由数据处理器和控制器构成。数据处理器又可分成若干个子系统，每个子系统完成某个局部操作。计数器、寄存器、译码器等可作为子系统。

2. 寄存器传送语言

硬件程序法是从系统总体出发描述和设计数字系统的设计方法之一。硬件程序法采用寄存器传送语言描述数字系统中的信息传递和处理过程，并转换为硬件结构。

3. 简易计算机

简易计算机是典型的数字系统之一，它包括运算器、存储器、控制器和输入/输出设备等模块，能对输入的信息进行处理和运算。

9.2　教学要求

1. 了解数字系统设计的过程，简易计算机的功能分析和电路设计原理。
2. 理解用寄存器传送语言实现数字系统的过程和步骤。

9.3　解题指导

【例 9-1】试说明以下语句的意义：

$T_1 S:C \leftarrow D, T_1 \rightarrow T_5$

$T_1 \bar{S}:T_1 \rightarrow T_5$

解：该语句是一个条件转移语句，它表示当 S=1 时，执行 $C \leftarrow D$，然后执行 $T_1 \rightarrow T_5$；如果 S=0，则由 T_1 直接转移到执行 T_5 语句。

【例 9-2】下列说法是否正确，并说明理由。

（1）计算机中的运算器用来完成算术运算。

（2）存储器用来存储各种数据。

（3）控制器用来产生各种控制信号。

解：（1）说法不正确。计算机中的运算器不仅可以用来完成算术运算，还可以用来完成逻辑运算。

（2）说法不正确。存储器用来存储的信息不仅有各种数据，还有各种指令等。

（3）说法正确。控制器按事先规定的顺序发出各种控制信号，协调整个信息的处理过程。

9.4 习题解答

9-1 寄存器 A 是一个 8 位寄存器，它的输入为 X。寄存器操作可用以下语句描述：

$$P:A_8 \leftarrow X, A_i \leftarrow A_{i+1}$$

试说明寄存器的功能。

解：该语句完成的功能是将输入 X 送入寄存器 A 的最高位 A_8 中，并将寄存器高位内容送入低位中。因此，寄存器完成的功能是送数、左移。

9-2 试简述用寄存器传送语言进行数字系统设计的步骤。

解：第一，应进行总体设计，分析系统功能，确定总体方案；第二，根据设计目标和要求确定算法并画出系统框图；第三，用寄存器传送语言写出其工作过程的微操作语句；第四，将这些语句转换成硬件结构设计。

9-3 试比较移位型控制器和计数型控制器的特点。

解：移位型控制器的控制状态数量与触发器数量相等，所以当状态数量多时，所用触发器数量多，电路复杂、成本高。其优点是设计过程简单、修改程序比较容易。

在计数型控制器中，由于 n 个触发器可构成 2^n 个状态，所以当状态数量多时，可以大大减少所用触发器的数量，但必须有译码器才能产生控制信号。

9-4 试简述简易计算机中算术逻辑单元的电路构成及各单元电路的作用。

解：在简易计算机中，算术逻辑单元只实现两个固定的一位数相加，所以只用了一个累加器和一个加法器。累加器用于保存参加运算的一个加数及运算结果；加法器则用于完成两个数即时相加。

9-5 试说明简易计算机中"LD A,6"这条指令的执行过程。

解：完成"LD A,6"指令，分取指令和执行指令两个步骤。取指令：从存储器中把操作码（LDA）取出并送入指令寄存器，经译码器译出指令 LDA。执行指令：完成将操作数（6）送入 A 的操作。

参 考 文 献

[1] 李景宏，王永军，等. 数字逻辑与数字系统[M]. 6 版. 北京：电子工业出版社，2022.

[2] 赵丽红，马学文，康恩顺. 数字逻辑与数字系统习题解答与实验指导[M]. 北京：电子工业出版社，2005.

[3] 李晶皎，李景宏，曹阳. 逻辑与数字系统设计[M]. 北京：清华大学出版社，2008.

[4] 李晶皎，李景宏，闫爱云，等. 逻辑与数字系统设计学习指导及题解[M]. 北京：清华大学出版社，2010.

[5] 康华光. 电子技术基础——数字部分[M]. 6 版. 北京：高等教育出版社，2014.